教科書ワーク
もくじ

全教科書対応
数と計算6年

JN131545

① 文字を使った式（1）
基本のワーク

答え  1ページ

やってみよう

☆ 縦の長さが x cm，横の長さが 8cm の長方形があります。

❶ この長方形の面積を，文字 x を使って表しましょう。

❷ x の値と，それに対応する面積の値について，右の表の空らんにあてはまる数を答えましょう。

縦 x (cm)	2	3.5		
面積 (cm²)			32	40

とき方 ❶ 「長方形の面積＝縦×横」だから， ☐ ×8 で求めます。

答え ☐ (cm²)

❷ x にあてはめた数を x の ☐ といいます。

・x の値が 2 のとき，面積は，2×8＝ ☐

・x の値が 3.5 のとき，面積は， ☐ ×8＝ ☐

・面積が 32 のとき

x×8＝32

x＝32÷8

　＝ ☐

・面積が 40 のとき

x×8＝40

x＝ ☐ ÷8

　＝ ☐

答え 問題の表に記入

1 右の図のような，底辺の長さが x cm，高さが 7cm の平行四辺形があります。

❶ この平行四辺形の面積を，文字 x を使って表しましょう。

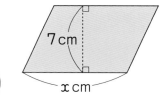

7cm

x cm

（　　　　　　　　　）

❷ 底辺の長さが 6cm のときの面積を求めましょう。

（　　　　　　　　　）

❸ 底辺の長さが 5.5cm のときの面積を求めましょう。

（　　　　　　　　　）

❹ 面積が 49cm² のときの底辺の長さを求めましょう。

（　　　　　　　　　）

ポイント いろいろと変わる数のかわりに文字を使うと，１つの式にまとめて表すことができます。

② 文字を使った式(2)
基本のワーク

☆ 1本 x 円のペンを4本と80円の消しゴムを1個買います。代金は y 円です。
① x と y の関係を式に表しましょう。
② x の値が130のとき，対応する y の値を求めましょう。
③ x の値を153，154，155としたときの y の値を求め，y の値が700になるときの，x の値を求めましょう。

とき方 ① ペン4本の値段＋消しゴムの値段＝代金だから，

$$\boxed{} \times 4 + \boxed{} = \boxed{} \qquad \text{答え } \boxed{}$$

② $y = \boxed{} \times 4 + 80 = \boxed{}$ 　　答え $\boxed{}$

③ x の値が153のとき，$y = \boxed{} \times 4 + 80 = \boxed{}$

x の値が154のとき，$y = 154 \times 4 + 80 = \boxed{}$

x の値が155のとき，$y = \boxed{} \times 4 + 80 = \boxed{}$

だから，y の値が700になるときの x の値は，$x = \boxed{}$ 　　答え $\boxed{}$

❶ 半径が x cm の円があります。円周の長さは y cm です。ただし，円周率は3.14とします。
① x と y の関係を式に表しましょう。

(　　　　　　　　　　　)

② x の値が4のとき，対応する y の値を求めましょう。

(　　　　　　　　　　　)

③ x の値を6，7，8としたときの y の値を求め，y の値が43.96になるときの x の値を求めましょう。

(　　　　　　　　　　　)

❷ 次の場面で，x と y の関係を式に表しましょう。
① x g のかんづめを800gの箱に入れたときの，全体の重さは y g です。

(　　　　　　　　　　　)

② 208ページの本を x ページ読むと，残りは y ページです。

(　　　　　　　　　　　)

③ x 円のノート14冊と70円の消しゴム1個の代金の合計は y 円です。

(　　　　　　　　　　　)

ポイント 2つの量 x と y があり，x の値がいろいろと変わるにつれて y の値がいろいろと変わるとき，x と y の関係は等号を使ってどのように表されるかを考えましょう。

まとめのテスト❶

時間 **20** 分

答え 1ページ

得点 /100点

1 48ページの本を x ページ読みました。 1つ6〔12点〕

❶ 残りのページ数を，文字 x を使って表しましょう。

( )

❷ 29ページ読んだときの，残りのページ数を求めましょう。

( )

2 よく出る 1個150円のみかんを x 個買います。代金は y 円です。 1つ8〔24点〕

❶ x と y の関係を式に表しましょう。

( )

❷ x の値が25のとき，対応する y の値を求めましょう。

( )

❸ y の値が6300になるときの，x の値を求めましょう。

( )

3 直径が x cm の円があります。円周の長さは y cm です。ただし，円周率は3.14とします。

❶ x と y の関係を式に表しましょう。 1つ8〔24点〕

( )

❷ x の値が7.5のとき，対応する y の値を求めましょう。

( )

❸ y の値が109.9になるときの，x の値を求めましょう。

( )

4 下の❶〜❹の式に表される場面を，次の㋐〜㋑から選んで，記号で答えましょう。

㋐ 200円の菓子パンと x 円のお茶を買ったときの代金は，y 円になります。 1つ6〔24点〕

㋑ 面積が $200\,cm^2$ の長方形の，縦の長さを x cm とすると，横の長さは y cm です。

㋒ 200mの道のりを x m 進んだときの，残りの道のりは y m です。

㋓ 1ふくろ200枚入りの折り紙が x ふくろあるとき，折り紙は全部で y 枚あります。

❶ $200-x=y$ ( ) ❷ $200÷x=y$ ( )

❸ $200×x=y$ ( ) ❹ $200+x=y$ ( )

5 x にあてはまる数を求めましょう。 1つ8〔16点〕

❶ $x+3.1=5$ ❷ $8×x=24$

( ) ( )

チェック ✓ □ 文字を使って数量を式に表せたかな？
□ 文字を使って，2つの数量の関係を1つの式に表せたかな？

まとめのテスト❷

答え 1ページ

時間 **20**分

得点 ／100点

1 1個85gのレモン a 個を，170gのかごに入れます。　　　　　1つ7〔21点〕

❶ 全体の重さを，文字を使って表しましょう。

（　　　　　　　　）

❷ レモンが9個のとき，全体の重さを求めましょう。

（　　　　　　　　）

❸ レモンが12個のとき，全体の重さを求めましょう。

（　　　　　　　　）

2 縦の長さが a m，横の長さが b m の長方形があります。まわりの長さは28m です。

❶ a と b の関係を式に表しましょう。　　　　　1つ7〔14点〕

（　　　　　　　　）

❷ a の値が6.4のとき，対応する b の値を求めましょう。

（　　　　　　　　）

3 よく出る 面積が36cm² の平行四辺形があります。底辺が x cm のとき，高さは y cm です。

❶ x と y の関係を式に表しましょう。　　　　　1つ7〔21点〕

（　　　　　　　　）

❷ x の値が7.5のとき，対応する y の値を求めましょう。

（　　　　　　　　）

❸ y の値が15になるときの，x の値を求めましょう。

（　　　　　　　　）

4 下の❶～❹の式に表される場面を，次の㋐～㋑から選んで，記号で答えましょう。

㋐ 縦 x cm，横8cm の長方形のまわりの長さは，y cm です。　　　　　1つ7〔28点〕

㋑ x dL のジュースを8人で同じ量ずつ分けると，1人分は y dL です。

㋒ 教科書ワークの問題を，1日に8題ずつ解くと，x 日間で解けるのは y 題です。

㋓ 底辺が x cm，高さが8cm の三角形の面積は，y cm² です。

❶ $8 \times x = y$ （　　　　　　）　❷ $(x + 8) \times 2 = y$ （　　　　　　）

❸ $x \div 8 = y$ （　　　　　　）　❹ $x \times 8 \div 2 = y$ （　　　　　　）

5 x にあてはまる数を求めましょう。　　　　　1つ8〔16点〕

❶ $x \times 7 = 98$　　　　　　❷ $x \div 6 = 4.5$

（　　　　　　　　）　　　　（　　　　　　　　）

チェック ☑ □ 文字に数をあてはめて，対応する値を求められたかな？
□ 式に表される場面について考えられたかな？

① 分数のかけ算(1)
基本のワーク

答え 1ページ

☆ 計算をしましょう。

❶ $\dfrac{2}{7} \times 2$

❷ $\dfrac{9}{8} \times 2$

とき方 分数×整数 では，分母はそのままにして，分子にその整数をかけます。

計算のと中で約分できるときは，約分してから計算すると簡単です。

❶ 分母は 7 のままで，分子の 2 に整数 2 をかけると，

$$\dfrac{2}{7} \times 2 = \dfrac{\boxed{} \times \boxed{}}{\boxed{}} = \boxed{}$$

答え $\boxed{}$

❷ 分母は 8 のままで，分子の 9 に整数 2 をかけて，約分すると，

$$\dfrac{9}{8} \times 2 = \dfrac{\boxed{} \times \cancel{\boxed{}}}{\cancel{\boxed{}}} = \boxed{}$$

答え $\boxed{}$

たいせつ

$\dfrac{\bullet}{\blacksquare} \times \blacktriangle = \dfrac{\bullet \times \blacktriangle}{\blacksquare}$

---

1 計算をしましょう。

❶ $\dfrac{1}{4} \times 3 = \dfrac{\boxed{} \times \boxed{}}{\boxed{}} = \boxed{}$

❷ $\dfrac{5}{6} \times 8 = \dfrac{\boxed{} \times \cancel{\boxed{}}}{\cancel{\boxed{}}} = \boxed{}$

2 計算をしましょう。

❶ $\dfrac{2}{5} \times 2$

❷ $\dfrac{1}{6} \times 5$

❸ $\dfrac{3}{7} \times 6$

❹ $\dfrac{5}{8} \times 3$

❺ $\dfrac{6}{5} \times 4$

❻ $\dfrac{10}{9} \times 2$

3 計算をしましょう。

❶ $\dfrac{1}{6} \times 4$

❷ $\dfrac{2}{9} \times 3$

❸ $\dfrac{2}{15} \times 6$

❹ $\dfrac{5}{8} \times 6$

❺ $\dfrac{3}{10} \times 4$

❻ $\dfrac{5}{12} \times 10$

❼ $\dfrac{6}{5} \times 5$

❽ $\dfrac{7}{6} \times 9$

❾ $\dfrac{9}{8} \times 12$

6

ポイント 分数×整数の計算では，分子に整数をかける前に，分母と整数が約分できるかどうか調べましょう。

② 分数のかけ算 (2)
基本のワーク

答え **2ページ**

☆ 次の計算しましょう。

❶ $\dfrac{2}{3} \times \dfrac{4}{5}$

❷ $2 \times \dfrac{5}{11}$

とき方 ❶　分数に分数をかける計算では，分母どうし，分子どうしをかけます。

分子どうし(2 と 4)をかける。

$\dfrac{2}{3} \times \dfrac{4}{5} = \dfrac{2 \times \boxed{}}{3 \times \boxed{}} = \boxed{}$

分母どうし(3 と 5)をかける。

答え $\boxed{}$

 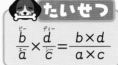

たいせつ

$\dfrac{b}{a} \times \dfrac{d}{c} = \dfrac{b \times d}{a \times c}$

❷　整数は，分母が l の分数として表すことができます。

$2 \times \dfrac{5}{11} = \dfrac{\boxed{}}{l} \times \dfrac{5}{11} = \dfrac{\boxed{} \times 5}{l \times 11} = \boxed{}$

答え $\boxed{}$

1 計算をしましょう。

❶ $\dfrac{3}{4} \times \dfrac{3}{5} = \dfrac{3 \times \boxed{}}{4 \times \boxed{}} = \boxed{}$

❷ $\dfrac{5}{7} \times \dfrac{4}{3} = \dfrac{\boxed{} \times 4}{7 \times \boxed{}} = \boxed{}$

❸ $\dfrac{7}{4} \times \dfrac{5}{9} = \dfrac{\boxed{} \times 5}{\boxed{} \times 9} = \boxed{}$

❹ $3 \times \dfrac{7}{5} = \dfrac{\boxed{} \times 7}{\boxed{} \times 5} = \boxed{}$

2 計算をしましょう。

❶ $\dfrac{1}{6} \times \dfrac{1}{7}$

❷ $\dfrac{5}{9} \times \dfrac{2}{3}$

❸ $\dfrac{5}{6} \times \dfrac{7}{4}$

❹ $\dfrac{2}{9} \times \dfrac{8}{7}$

❺ $\dfrac{8}{5} \times \dfrac{4}{9}$

❻ $\dfrac{7}{3} \times \dfrac{5}{12}$

❼ $11 \times \dfrac{3}{4}$

❽ $7 \times \dfrac{6}{5}$

❾ $4 \times \dfrac{2}{7}$

ポイント　分数×分数の計算は，分母どうし，分子どうしをかけます。

③ 分数のかけ算(3)
基本のワーク

答え 2ページ

やってみよう

☆ $\dfrac{4}{9} \times \dfrac{6}{7}$ の計算をしましょう。

とき方 計算をする前に、約分できる数をさがします。

$$\dfrac{4}{9} \times \dfrac{6}{7} = \dfrac{4 \times \overset{2}{6}}{\underset{\square}{9} \times 7} = \boxed{}$$

答え $\boxed{}$

 たいせつ
約分できるときは、約分してから計算します。

---

1 計算をしましょう。

❶ $\dfrac{3}{4} \times \dfrac{5}{6} = \dfrac{3 \times \overset{1}{5}}{4 \times \underset{\square}{6}} = \boxed{}$

❷ $\dfrac{3}{10} \times \dfrac{5}{8} = \dfrac{3 \times \overset{1}{5}}{10 \times \underset{\square}{8}} = \boxed{}$

❸ $\dfrac{8}{9} \times \dfrac{7}{6} = \dfrac{\overset{\square}{8} \times 7}{9 \times \underset{3}{6}} = \boxed{}$

❹ $\dfrac{4}{3} \times \dfrac{12}{5} = \dfrac{4 \times \overset{\square}{12}}{3 \times 5} = \boxed{}$
　$\phantom{\dfrac{4}{3}}\underset{1}{}$

❺ $9 \times \dfrac{2}{3} = \dfrac{\overset{3}{\cancel{\square}} \times 2}{1 \times \underset{1}{3}} = \boxed{}$

整数は、分母が1の分数に表して計算しよう。

---

2 計算をしましょう。

❶ $\dfrac{4}{7} \times \dfrac{3}{4}$

❷ $\dfrac{7}{9} \times \dfrac{3}{8}$

❸ $\dfrac{8}{7} \times \dfrac{1}{4}$

❹ $\dfrac{10}{3} \times \dfrac{5}{4}$

❺ $\dfrac{7}{12} \times \dfrac{4}{3}$

❻ $\dfrac{8}{9} \times \dfrac{15}{7}$

❼ $6 \times \dfrac{11}{9}$

❽ $8 \times \dfrac{5}{6}$

ポイント 約分できるときは、約分してから計算すると、計算が簡単になります。

④ 分数のかけ算 (4)
基本のワーク

答え 2ページ

☆ $\dfrac{5}{6} \times \dfrac{9}{10}$ の計算をしましょう。

とき方 計算をする前に，約分できる数をさがします。

$$\dfrac{5}{6} \times \dfrac{9}{10} = \dfrac{\overset{1}{5} \times \overset{\square}{9}}{\underset{2}{6} \times \underset{\square}{10}} = \boxed{}$$

答え $\boxed{}$

ちゅうい
約分できるときは，
すべて約分します。

1 計算をしましょう。

❶ $\dfrac{8}{9} \times \dfrac{3}{4} = \dfrac{\overset{\square}{8} \times \overset{1}{3}}{\underset{}{9} \times \underset{1}{4}} = \boxed{}$

❷ $\dfrac{3}{10} \times \dfrac{5}{12} = \dfrac{\overset{1}{3} \times \overset{1}{5}}{\underset{\square}{10} \times \underset{\square}{12}} = \boxed{}$

❸ $\dfrac{15}{8} \times \dfrac{8}{21} = \dfrac{\overset{5}{15} \times \overset{1}{8}}{\underset{\square}{8} \times \underset{\square}{21}} = \boxed{}$

❹ $\dfrac{9}{16} \times \dfrac{10}{3} = \dfrac{\overset{3}{9} \times \overset{\square}{10}}{\underset{\square}{16} \times \underset{1}{3}} = \boxed{}$

❺ $\dfrac{28}{15} \times \dfrac{25}{12} = \dfrac{\overset{\square}{28} \times \overset{\square}{25}}{\underset{\square}{15} \times \underset{\square}{12}} = \boxed{}$

約分できるときは，すべて
約分してから計算しよう。

2 計算をしましょう。

❶ $\dfrac{5}{8} \times \dfrac{4}{5}$

❷ $\dfrac{5}{12} \times \dfrac{9}{10}$

❸ $\dfrac{16}{9} \times \dfrac{3}{4}$

❹ $\dfrac{21}{4} \times \dfrac{6}{7}$

❺ $\dfrac{4}{15} \times \dfrac{25}{14}$

❻ $\dfrac{3}{10} \times \dfrac{10}{3}$

❼ $\dfrac{9}{4} \times \dfrac{14}{3}$

❽ $\dfrac{20}{9} \times \dfrac{15}{8}$

ポイント 一度約分できても，さらに約分できないか，確認しましょう。

⑤ 3つの分数のかけ算
基本のワーク

答え 2ページ

☆ $\dfrac{6}{7} \times \dfrac{2}{5} \times \dfrac{3}{4}$ の計算をしましょう。

とき方

$$\dfrac{6}{7} \times \dfrac{2}{5} \times \dfrac{3}{4} = \dfrac{\overset{3}{6} \times \overset{1}{2} \times \square}{\square \times 5 \times \underset{2}{\underset{1}{4}}} = \boxed{}$$

さんこう

3つ以上の分数のかけ算も同じように約分してから計算しましょう。

答え $\boxed{}$

1 計算をしましょう。

① $\dfrac{3}{5} \times \dfrac{1}{2} \times \dfrac{7}{9} = \dfrac{3 \times 1 \times 7}{5 \times 2 \times 9} = \boxed{}$

② $\dfrac{3}{4} \times \dfrac{8}{5} \times \dfrac{1}{9} = \dfrac{3 \times 8 \times 1}{4 \times 5 \times 9} = \boxed{}$

③ $\dfrac{5}{9} \times \dfrac{3}{8} \times \dfrac{4}{25} = \dfrac{\overset{1}{5} \times \overset{\square}{3} \times \overset{\square}{4}}{\underset{\square}{9} \times \underset{2}{8} \times \underset{5}{25}} = \boxed{}$

④ $\dfrac{7}{6} \times \dfrac{3}{8} \times \dfrac{16}{7} = \dfrac{\overset{1}{7} \times \overset{1}{3} \times \overset{2}{16}}{\underset{2}{6} \times \underset{1}{8} \times \underset{\square}{7}} = \boxed{}$

最後まで忘れずに約分しよう。

2 計算をしましょう。

① $\dfrac{2}{7} \times \dfrac{1}{5} \times \dfrac{2}{3}$

② $\dfrac{3}{8} \times \dfrac{4}{5} \times \dfrac{1}{2}$

③ $\dfrac{10}{11} \times \dfrac{7}{4} \times \dfrac{5}{14}$

④ $\dfrac{11}{9} \times \dfrac{6}{7} \times \dfrac{14}{33}$

⑤ $\dfrac{3}{2} \times \dfrac{5}{6} \times \dfrac{8}{5}$

⑥ $\dfrac{6}{5} \times \dfrac{1}{4} \times \dfrac{10}{9}$

⑦ $\dfrac{20}{27} \times \dfrac{9}{4} \times \dfrac{18}{25}$

⑧ $\dfrac{16}{9} \times \dfrac{21}{10} \times \dfrac{15}{14}$

ポイント 約分できるところはすべて約分し，約分のし忘れがないように注意しましょう。

⑥ 逆数
基本のワーク

答え 2ページ

やってみよう

☆ 次の数の逆数を求めましょう。

❶ $\dfrac{3}{2}$　　　❷ $1\dfrac{4}{5}$　　　❸ 0.6

とき方 真分数や仮分数に，その分子と分母を入れかえた数をかけると，積はいつも1になります。このように，2つの数の積が1になるとき，一方の数をもう一方の数の □ といいます。真分数や仮分数の逆数は，分子と分母を入れかえた分数になります。

❶ $\dfrac{3}{2}$ にかけて，1となる分数は □　　　答え □

❷ 帯分数を仮分数になおすと，$1\dfrac{4}{5}=\dfrac{□}{5}$ となるから，

分子と分母を入れかえて，□　　　答え □

たいせつ

逆数　$\dfrac{b}{a}$ ⤬ $\dfrac{a}{b}$

❸ 小数を分数になおすと，$0.6=\dfrac{6}{\cancel{□}5}=□$ となるから，

分子と分母を入れかえて，□　　　答え □

① 次の数の逆数を求めましょう。

❶ $\dfrac{2}{5}$　　　❷ $\dfrac{6}{7}$　　　❸ $\dfrac{1}{6}$

(　　　) (　　　) (　　　)

❹ $\dfrac{15}{8}$　　　❺ $\dfrac{1}{11}$　　　❻ $1\dfrac{2}{3}$

整数は分母が1の分数で表せたね。

(　　　) (　　　) (　　　)

❼ $2\dfrac{1}{6}$　　　❽ $3\dfrac{3}{4}$　　　❾ 4　　　❿ 13

(　　　) (　　　) (　　　) (　　　)

⓫ 0.9　　　⓬ 0.8　　　⓭ 0.36　　　⓮ 1.25

(　　　) (　　　) (　　　) (　　　)

ポイント 2つの数の積が1になるとき，一方の数をもう一方の数の逆数といいます。真分数や仮分数の逆数は，分子と分母を入れかえた分数になります。

まとめのテスト❶

時間 **20** 分

得点 ／100点

答え 2ページ

1 計算をしましょう。　　　　　　　　　　　　　　　　　　　　　1つ4〔32点〕

① $\dfrac{3}{7} \times 2$

② $5 \times \dfrac{6}{7}$

③ $\dfrac{9}{4} \times \dfrac{3}{8}$

④ $\dfrac{2}{5} \times \dfrac{11}{9}$

⑤ $\dfrac{5}{8} \times \dfrac{4}{7}$

⑥ $\dfrac{15}{11} \times \dfrac{3}{5}$

⑦ $\dfrac{2}{3} \times \dfrac{2}{5} \times \dfrac{1}{3}$

⑧ $\dfrac{6}{7} \times 3 \times \dfrac{5}{4}$

2 よく出る 計算をしましょう。　　　　　　　　　　　　　　　　1つ4〔32点〕

① $\dfrac{1}{9} \times 6$

② $8 \times \dfrac{7}{12}$

③ $\dfrac{3}{8} \times \dfrac{4}{9}$

④ $\dfrac{20}{13} \times \dfrac{9}{8}$

⑤ $\dfrac{21}{16} \times \dfrac{8}{7}$

⑥ $\dfrac{5}{6} \times \dfrac{3}{20}$

⑦ $\dfrac{10}{9} \times \dfrac{5}{7} \times \dfrac{27}{8}$

⑧ $\dfrac{11}{21} \times \dfrac{4}{5} \times 7$

チャレンジ **3** 計算をしましょう。　　　　　　　　　　　　　　　　　　1つ4〔24点〕

① $\dfrac{5}{12} \times 9$

② $\dfrac{10}{9} \times 15$

③ $\dfrac{9}{8} \times \dfrac{14}{15}$

④ $\dfrac{45}{16} \times \dfrac{40}{27}$

⑤ $\dfrac{9}{16} \times \dfrac{14}{15} \times \dfrac{10}{21}$

⑥ $\dfrac{10}{9} \times \dfrac{15}{8} \times \dfrac{18}{25}$

4 次の数の逆数を求めましょう。　　　　　　　　　　　　　　　1つ3〔12点〕

① $\dfrac{7}{8}$

② $\dfrac{1}{9}$

③ 6

④ 0.4

（　　　　）　（　　　　）　（　　　　）　（　　　　）

チェック ☑ □ 分数×整数，整数×分数，分数×分数の計算はできたかな？
□ 分数や小数，整数の逆数は求められたかな？

まとめのテスト❷

 時間 **20** 分

答え **2ページ**

 得点 /100点

1 計算をしましょう。 1つ4〔32点〕

❶ $\dfrac{2}{9} \times 4$

❷ $6 \times \dfrac{8}{5}$

❸ $\dfrac{8}{9} \times \dfrac{4}{5}$

❹ $\dfrac{5}{6} \times \dfrac{13}{7}$

❺ $\dfrac{7}{9} \times \dfrac{3}{8}$

❻ $\dfrac{18}{13} \times \dfrac{5}{6}$

❼ $\dfrac{3}{4} \times \dfrac{1}{2} \times \dfrac{3}{5}$

❽ $5 \times \dfrac{3}{8} \times \dfrac{1}{4}$

2 よく出る 計算をしましょう。 1つ4〔32点〕

❶ $\dfrac{5}{14} \times 7$

❷ $2 \times \dfrac{3}{10}$

❸ $\dfrac{5}{12} \times \dfrac{6}{25}$

❹ $\dfrac{9}{16} \times \dfrac{11}{6}$

❺ $\dfrac{17}{14} \times \dfrac{21}{10}$

❻ $\dfrac{4}{7} \times \dfrac{35}{18}$

❼ $\dfrac{25}{8} \times \dfrac{1}{7} \times \dfrac{16}{15}$

❽ $\dfrac{27}{14} \times 7 \times \dfrac{5}{9}$

3 計算をしましょう。 1つ4〔24点〕

❶ $\dfrac{7}{18} \times 12$

❷ $\dfrac{16}{15} \times 20$

❸ $\dfrac{35}{12} \times \dfrac{20}{21}$

❹ $\dfrac{39}{34} \times \dfrac{51}{26}$

❺ $\dfrac{25}{14} \times \dfrac{12}{35} \times \dfrac{49}{20}$

❻ $\dfrac{9}{10} \times \dfrac{25}{12} \times \dfrac{16}{15}$

4 次の数の逆数を求めましょう。 1つ3〔12点〕

❶ $\dfrac{9}{4}$

❷ $2\dfrac{3}{7}$

❸ 12

❹ 1.08

( ) ( ) ( ) ( )

3 分数のかけ算(2)

① 帯分数のかけ算(1)
基本のワーク

答え 3ページ

☆ 計算をしましょう。

❶ $1\frac{2}{3} \times 4$

❷ $1\frac{3}{4} \times \frac{5}{14}$

とき方 帯分数をふくむかけ算では，帯分数を仮分数になおしてから，計算します。計算のと中で約分できるときは，約分します。

❶ $1\frac{2}{3} \times 4 = \frac{\square}{3} \times 4 = \frac{\square \times \square}{\square} = \square$　　答え $\square$

❷ $1\frac{3}{4} \times \frac{5}{14} = \frac{\square}{4} \times \frac{5}{14} = \frac{\overset{1}{\cancel{\square}} \times 5}{4 \times \underset{2}{\cancel{14}}} = \square$　　答え $\square$

たいせつ
帯分数をふくむかけ算では，帯分数を仮分数になおして計算します。

1 計算をしましょう。

❶ $1\frac{3}{4} \times 5 = \frac{\square}{4} \times 5 = \frac{\square \times \square}{\square} = \square$

❷ $4 \times 1\frac{3}{8} = 4 \times \frac{\square}{8} = \frac{\overset{1}{\cancel{4}} \times \square}{1 \times \cancel{8}} = \square$

約分は，帯分数を仮分数になおしてからするよ。

❸ $2\frac{1}{4} \times \frac{10}{3} = \frac{\square}{4} \times \frac{10}{3} = \frac{\overset{\square}{\cancel{\square}} \times \overset{\square}{\cancel{10}}}{\underset{2}{\cancel{4}} \times \underset{1}{\cancel{3}}} = \square$

❹ $\frac{15}{8} \times 2\frac{2}{9} = \frac{15}{8} \times \frac{\square}{9} = \frac{15 \times \overset{\square}{\cancel{\square}}}{\underset{2}{\cancel{8}} \times \underset{3}{\cancel{9}}} = \square$

2 計算をしましょう。

❶ $1\frac{1}{2} \times 5$

❷ $3 \times 1\frac{5}{6}$

❸ $3\frac{8}{25} \times 10$

❹ $2\frac{7}{12} \times 8$

❺ $2\frac{1}{6} \times \frac{4}{7}$

❻ $\frac{5}{3} \times 1\frac{3}{4}$

ポイント 帯分数は仮分数になおしてから約分できる数を調べ，約分してから計算します。

② 帯分数のかけ算 (2)

基本のワーク

答え 3ページ

☆ $3\frac{3}{4} \times 1\frac{1}{5}$ の計算をしましょう。

とき方 $3\frac{3}{4} \times 1\frac{1}{5} = \dfrac{\square}{4} \times \dfrac{\square}{5} = \dfrac{\overset{\square}{\cancel{\square}} \times \overset{\square}{\cancel{\square}}}{\underset{2}{4} \times \underset{1}{5}} = \boxed{}$　　答え $\boxed{}$

仮分数になおす。　　約分する。

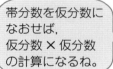 たいせつ

帯分数をふくむかけ算では，すべての帯分数を仮分数になおしてから計算します。

1 計算をしましょう。

❶ $1\frac{1}{2} \times 2\frac{1}{4} = \dfrac{\square}{2} \times \dfrac{\square}{4} = \dfrac{\square \times \square}{2 \times 4} = \boxed{}$

帯分数を仮分数になおせば，仮分数 × 仮分数の計算になるね。

❷ $2\frac{2}{3} \times 1\frac{2}{7} = \dfrac{\square}{3} \times \dfrac{\square}{7} = \dfrac{\square \times \overset{\square}{\cancel{\square}}}{\underset{1}{3} \times 7} = \boxed{}$

2 計算をしましょう。

❶ $2\frac{1}{3} \times 3\frac{2}{3}$ 　　　　　　　❷ $2\frac{2}{5} \times 1\frac{1}{7}$

❸ $6\frac{3}{4} \times 1\frac{4}{9}$ 　　　　　　　❹ $3\frac{1}{6} \times 1\frac{7}{8}$

❺ $4\frac{3}{8} \times 3\frac{3}{7}$ 　　　　　　　❻ $3\frac{3}{5} \times 2\frac{1}{12}$

❼ $3\frac{1}{9} \times 2\frac{11}{35}$ 　　　　　　❽ $2\frac{7}{10} \times 1\frac{7}{18}$

❾ $4\frac{1}{6} \times 2\frac{2}{15}$ 　　　　　　❿ $4\frac{1}{12} \times 1\frac{11}{21}$

 ポイント　まず帯分数を仮分数になおしてから，約分できないかを調べます。

③ 3つの分数のかけ算
基本のワーク

答え 3ページ

☆ $\dfrac{7}{5} \times 1\dfrac{1}{14} \times \dfrac{12}{25}$ の計算をしましょう。

とき方　$\dfrac{7}{5} \times 1\dfrac{1}{14} \times \dfrac{12}{25} = \dfrac{7}{5} \times \boxed{} \times \dfrac{12}{25} = \dfrac{7 \times \boxed{} \times 12}{5 \times 14 \times 25} = \boxed{}$

← 7と約分
← 12と約分

ちゅうい

一度約分しても, ほかの数とまだ約分できないか, 調べましょう。

答え $\boxed{}$

1 計算をしましょう。

① $\dfrac{6}{5} \times \dfrac{3}{4} \times 2\dfrac{2}{3} = \dfrac{6}{5} \times \dfrac{3}{4} \times \boxed{} = \dfrac{6 \times 3 \times \boxed{}}{5 \times 4 \times 3} = \boxed{}$

② $1\dfrac{4}{5} \times 15 \times \dfrac{2}{3} = \boxed{} \times 15 \times \dfrac{2}{3} = \dfrac{\boxed{} \times 15 \times 2}{\boxed{} \times 1 \times 3} = \boxed{}$

整数は分母が1の分数として表せたね。

2 計算をしましょう。

① $3\dfrac{1}{3} \times 1\dfrac{1}{8} \times \dfrac{2}{5}$

② $1\dfrac{7}{9} \times \dfrac{3}{4} \times 2\dfrac{7}{10}$

③ $\dfrac{3}{10} \times 1\dfrac{7}{8} \times 1\dfrac{7}{9}$

④ $2\dfrac{7}{10} \times 2\dfrac{1}{12} \times 1\dfrac{13}{15}$

⑤ $\dfrac{7}{3} \times \dfrac{2}{11} \times 2\dfrac{5}{14}$

⑥ $4\dfrac{1}{3} \times 3\dfrac{1}{3} \times 2\dfrac{1}{13}$

ポイント　3つの分数のかけ算では, 約分が何回もできる場合があります。見落とさないように注意しましょう。

④ 計算のきまりとくふう
基本のワーク

答え 3ページ

☆ くふうして計算しましょう。

① $\left(\dfrac{1}{7} \times \dfrac{3}{10}\right) \times 3\dfrac{1}{3}$

② $2\dfrac{2}{3} \times \left(\dfrac{6}{7} - \dfrac{3}{8}\right)$

とき方 ① $\left(\dfrac{1}{7} \times \dfrac{3}{10}\right) \times 3\dfrac{1}{3} = \boxed{} \times \left(\dfrac{3}{10} \times \boxed{}\right) = \boxed{} \times 1 = \boxed{}$　　**答え** $\boxed{}$

② $2\dfrac{2}{3} \times \left(\dfrac{6}{7} - \dfrac{3}{8}\right) = \dfrac{8}{3} \times \left(\dfrac{6}{7} - \dfrac{3}{8}\right)$

$\qquad\qquad\qquad = \boxed{} \times \dfrac{6}{7} - \boxed{} \times \dfrac{3}{8}$

$\qquad\qquad\qquad = \boxed{} - 1 = \boxed{}$　　**答え** $\boxed{}$

 たいせつ

次の計算のきまりは，分数の計算でも成り立ちます。

●×▲=▲×●
(●+▲)×■=●×■+▲×■
(●×▲)×■=●×(▲×■)
(●−▲)×■=●×■−▲×■

---

1 くふうして計算しましょう。

① $\dfrac{15}{2} \times \left(\dfrac{2}{15} \times \dfrac{1}{3}\right) = \left(\dfrac{15}{2} \times \boxed{}\right) \times \boxed{} = 1 \times \boxed{} = \boxed{}$

② $\left(\dfrac{5}{6} - \dfrac{3}{4}\right) \times 12 = \boxed{} \times 12 - \boxed{} \times 12 = \boxed{} - 9 = \boxed{}$

③ $2\dfrac{4}{5} \times \dfrac{1}{5} + 1\dfrac{1}{5} \times \dfrac{1}{5} = \left(2\dfrac{4}{5} + 1\dfrac{1}{5}\right) \times \boxed{} = \boxed{} \times \boxed{} = \boxed{}$

計算のきまりを使うと，計算が簡単になるよ。

2 くふうして計算しましょう。

① $\left(\dfrac{1}{4} \times \dfrac{5}{6}\right) \times \dfrac{6}{5}$

② $3\dfrac{1}{3} \times \left(\dfrac{6}{5} \times \dfrac{7}{4}\right)$

③ $1\dfrac{1}{7} \times 5 \times \dfrac{7}{8}$

④ $18 \times \left(\dfrac{5}{6} - \dfrac{7}{9}\right)$

⑤ $\left(3\dfrac{1}{2} + 4\dfrac{2}{3}\right) \times \dfrac{6}{7}$

⑥ $\dfrac{8}{21} \times \dfrac{7}{12} + \dfrac{13}{21} \times \dfrac{7}{12}$

⑦ $\dfrac{3}{8} \times 3 - \dfrac{3}{8} \times 2$

⑧ $2\dfrac{8}{9} \times 1\dfrac{7}{8} - 1\dfrac{1}{9} \times 1\dfrac{7}{8}$

 ポイント 計算のきまりを使って，計算が簡単になるようにくふうしましょう。

勉強した日　月　日

時間 **20** 分

得点 　　／100点

答え 3ページ

1 よく出る 計算をしましょう。　　　　　　　　　　　　　1つ6〔60点〕

① $2\frac{1}{3} \times \frac{2}{5}$

② $\frac{1}{4} \times 3\frac{3}{7}$

③ $2\frac{5}{6} \times \frac{9}{5}$

④ $2\frac{2}{3} \times 2\frac{1}{5}$

⑤ $2\frac{4}{7} \times \frac{21}{4}$

⑥ $3\frac{3}{8} \times 2\frac{2}{9}$

⑦ $1\frac{3}{5} \times 4$

⑧ $8 \times 1\frac{3}{4}$

⑨ $2\frac{1}{8} \times 6$

⑩ $9 \times 3\frac{5}{12}$

2 計算をしましょう。　　　　　　　　　　　　　　　　1つ5〔20点〕

① $1\frac{1}{6} \times 7 \times \frac{9}{14}$

② $\frac{3}{16} \times \frac{4}{5} \times 1\frac{1}{9}$

③ $2\frac{2}{15} \times 1\frac{1}{8} \times 2\frac{1}{12}$

④ $4 \times 2\frac{7}{10} \times 1\frac{7}{18}$

3 くふうして計算しましょう。　　　　　　　　　　　　1つ5〔20点〕

① $1\frac{4}{9} \times \frac{2}{11} \times \frac{9}{13}$

② $\left(1\frac{2}{3} - \frac{3}{7}\right) \times 21$

③ $\frac{24}{11} \times \left(4\frac{7}{12} + 1\frac{3}{8}\right)$

④ $2\frac{1}{5} \times 3\frac{3}{4} - 1\frac{4}{5} \times 3\frac{3}{4}$

チェック

□ 帯分数をふくむかけ算では，まず帯分数を仮分数になおせたかな？
□ 約分のし忘れがないように注意して計算できたかな？

まとめのテスト ❷

答え 3ページ

時間 **20**分

得点 /100点

1 よく出る 計算をしましょう。 1つ6〔60点〕

❶ $\frac{5}{3} \times 1\frac{5}{8}$

❷ $6 \times 2\frac{1}{9}$

❸ $\frac{9}{10} \times 6\frac{2}{3}$

❹ $1\frac{1}{6} \times 2\frac{1}{4}$

❺ $1\frac{2}{5} \times 1\frac{3}{7}$

❻ $4\frac{1}{6} \times 2\frac{11}{20}$

❼ $2\frac{1}{3} \times 4$

❽ $4 \times 1\frac{7}{8}$

❾ $1\frac{5}{6} \times 8$

❿ $20 \times 2\frac{9}{16}$

2 計算をしましょう。 1つ5〔20点〕

❶ $\frac{14}{3} \times 1\frac{1}{8} \times \frac{2}{7}$

❷ $1\frac{7}{8} \times 1\frac{7}{9} \times \frac{3}{10}$

❸ $1\frac{11}{24} \times \frac{9}{14} \times 1\frac{1}{15}$

❹ $2\frac{1}{8} \times \frac{4}{17} \times 6$

3 くふうして計算しましょう。 1つ5〔20点〕

❶ $\left(2\frac{8}{9} - 2\frac{1}{6}\right) \times 1\frac{5}{13}$

❷ $\left(1\frac{2}{3} \times \frac{7}{9}\right) \times 1\frac{4}{5}$

❸ $2 \times \frac{5}{8} + \frac{3}{8} \times 2$

❹ $\left(4\frac{4}{9} + 6\frac{2}{3}\right) \times 2\frac{7}{10}$

チェック ✔ □ 帯分数をふくむ3つの分数のかけ算はできたかな？
□ 計算のきまりを使って，くふうして計算できたかな？

① 分数のわり算(1)
基本のワーク

答え 3ページ

やってみよう

☆ 計算をしましょう。

① $\dfrac{3}{4} \div 8$ 　　　　② $\dfrac{8}{7} \div 2$

とき方　分数÷整数 では，分子はそのままにして，分母にその整数をかけます。
計算のと中で約分できるときは，約分してから計算すると簡単です。

① 分子は 3 のままで，分母の 4 に整数 8 をかけると，

$$\dfrac{3}{4} \div 8 = \dfrac{\boxed{}}{\boxed{} \times \boxed{}} = \boxed{}$$　　答え $\boxed{}$

② 分子は 8 のままで，分母の 7 に整数 2 をかけて，約分すると，

$$\dfrac{8}{7} \div 2 = \dfrac{\boxed{}\diagdown}{\boxed{} \times \diagdown\boxed{}} = \boxed{}$$　　答え $\boxed{}$

 たいせつ

$$\dfrac{\blacksquare}{\bullet} \div \blacktriangle = \dfrac{\blacksquare}{\bullet \times \blacktriangle}$$

1 計算をしましょう。

① $\dfrac{5}{3} \div 4 = \dfrac{\boxed{}}{\boxed{} \times \boxed{}} = \boxed{}$ 　　② $\dfrac{8}{9} \div 6 = \dfrac{\boxed{}\diagdown}{\boxed{} \times \diagdown\boxed{}} = \boxed{}$

2 計算をしましょう。

① $\dfrac{1}{5} \div 5$ 　　　② $\dfrac{5}{6} \div 3$ 　　　③ $\dfrac{11}{12} \div 6$

④ $\dfrac{7}{4} \div 6$ 　　　⑤ $\dfrac{9}{7} \div 4$ 　　　⑥ $\dfrac{13}{10} \div 5$

3 計算をしましょう。

① $\dfrac{2}{5} \div 4$ 　　　② $\dfrac{5}{6} \div 10$ 　　　③ $\dfrac{10}{9} \div 2$

④ $\dfrac{9}{10} \div 3$ 　　　⑤ $\dfrac{12}{11} \div 12$ 　　　⑥ $\dfrac{7}{12} \div 7$

⑦ $\dfrac{24}{13} \div 16$ 　　　⑧ $\dfrac{14}{15} \div 21$ 　　　⑨ $\dfrac{75}{16} \div 50$

ポイント　分数÷整数の計算では，分母に整数をかける前に，分子と整数が約分できるかどうか調べましょう。

② 分数のわり算 (2)

基本のワーク

答え 4ページ

☆ 次の計算をしましょう。

❶ $\dfrac{2}{5} \div \dfrac{3}{7}$　　　　❷ $5 \div \dfrac{4}{7}$

とき方 ❶ 分数でわる計算は，わる数の □ をかけます。

わる数の逆数をかける。

$\dfrac{2}{5} \div \dfrac{3}{7} = \dfrac{2}{5} \times \boxed{} = \dfrac{2 \times \boxed{}}{5 \times \boxed{}} = \boxed{}$

わられる数はそのまま。

答え □

 たいせつ

$\dfrac{b}{a} \div \dfrac{d}{c} = \dfrac{b}{a} \times \dfrac{c}{d} = \dfrac{b \times c}{a \times d}$

❷ 整数を分母が1の分数と考えます。

$5 \div \dfrac{4}{7} = \dfrac{\boxed{}}{1} \times \boxed{} = \dfrac{5 \times 7}{1 \times \boxed{}} = \boxed{}$

答え □

1 計算をしましょう。

❶ $\dfrac{1}{6} \div \dfrac{1}{5} = \dfrac{1}{6} \times \boxed{} = \dfrac{1 \times \boxed{}}{6 \times 1} = \boxed{}$

❷ $\dfrac{4}{9} \div \dfrac{7}{5} = \dfrac{4}{9} \times \boxed{} = \dfrac{4 \times \boxed{}}{9 \times \boxed{}} = \boxed{}$

❸ $\dfrac{5}{4} \div \dfrac{8}{3} = \dfrac{5}{4} \times \boxed{} = \dfrac{\boxed{} \times 3}{4 \times \boxed{}} = \boxed{}$

❹ $7 \div \dfrac{3}{4} = \dfrac{\boxed{}}{1} \times \dfrac{4}{3} = \dfrac{\boxed{} \times 4}{1 \times \boxed{}} = \boxed{}$

2 計算をしましょう。

❶ $\dfrac{2}{9} \div \dfrac{3}{5}$　　　　❷ $\dfrac{5}{6} \div \dfrac{3}{7}$　　　　❸ $\dfrac{4}{5} \div \dfrac{7}{2}$

❹ $\dfrac{7}{10} \div \dfrac{5}{3}$　　　　❺ $\dfrac{4}{3} \div \dfrac{3}{5}$　　　　❻ $\dfrac{9}{8} \div \dfrac{5}{7}$

❼ $5 \div \dfrac{7}{8}$　　　　❽ $11 \div \dfrac{2}{5}$　　　　❾ $15 \div \dfrac{1}{4}$

ポイント $\dfrac{b}{a}$ でわることは，$\dfrac{a}{b}$ をかけることと同じです。

③ 分数のわり算(3)
基本のワーク

答え 4ページ

☆ $\dfrac{2}{3} \div \dfrac{4}{5}$ の計算をしましょう。

とき方 わり算を [　] 算になおしてから, 約分して計算します。

$$\dfrac{2}{3} \div \dfrac{4}{5} = \dfrac{2}{3} \times \boxed{} = \dfrac{\overset{1}{2} \times 5}{3 \times 4} = \boxed{}$$
$$\underset{\boxed{}}{}$$

答え [　]

たいせつ 分数のわり算では, かけ算になおしてから約分します。

1 計算をしましょう。

❶ $\dfrac{1}{2} \div \dfrac{3}{4} = \dfrac{1}{2} \times \boxed{} = \dfrac{1 \times \overset{\boxed{}}{4}}{\underset{1}{2} \times 3} = \boxed{}$

❷ $\dfrac{4}{7} \div \dfrac{6}{5} = \dfrac{4}{7} \times \boxed{} = \dfrac{4 \times 5}{7 \times 6} = \boxed{}$

❸ $\dfrac{4}{3} \div \dfrac{13}{9} = \dfrac{4}{3} \times \boxed{} = \dfrac{4 \times \overset{\boxed{}}{9}}{\underset{1}{3} \times 13} = \boxed{}$

整数を分母が1の分数と考えれば, 分数÷分数の計算になるね。

❹ $6 \div \dfrac{2}{3} = \dfrac{6}{\boxed{}} \times \boxed{} = \dfrac{\overset{3}{6} \times 3}{1 \times \underset{1}{\cancel{2}}} = \boxed{}$

2 計算をしましょう。

❶ $\dfrac{6}{7} \div \dfrac{9}{10}$

❷ $\dfrac{13}{8} \div \dfrac{5}{12}$

❸ $\dfrac{6}{11} \div \dfrac{8}{3}$

❹ $\dfrac{15}{14} \div \dfrac{8}{7}$

❺ $\dfrac{32}{17} \div \dfrac{24}{13}$

❻ $4 \div \dfrac{6}{7}$

❼ $12 \div \dfrac{3}{2}$

❽ $15 \div \dfrac{25}{6}$

ポイント $\div \dfrac{b}{a}$ を $\times \dfrac{a}{b}$ になおしてから, 約分します。

④ 分数のわり算（4）
基本のワーク

答え 4ページ

☆ $\dfrac{8}{3} \div \dfrac{10}{9}$ の計算をしましょう。

たいせつ
わり算をかけ算になおしてから，約分できるときは，すべて約分します。

とき方 $\dfrac{8}{3} \div \dfrac{10}{9} = \dfrac{8}{3} \times \boxed{} = \dfrac{8 \times \overset{3}{9}}{3 \times \underset{1}{10}} = \boxed{}$ 　**答え** $\boxed{}$

1 計算をしましょう。

① $\dfrac{8}{9} \div \dfrac{2}{3} = \dfrac{8}{9} \times \boxed{} = \dfrac{\overset{4}{8} \times \overset{1}{3}}{9 \times \underset{1}{2}} = \boxed{}$

② $\dfrac{10}{9} \div \dfrac{5}{6} = \dfrac{10}{9} \times \boxed{} = \dfrac{\overset{2}{10} \times 6}{9 \times \underset{1}{5}} = \boxed{}$

約分は，かけ算になおしてからするんだね。

③ $\dfrac{9}{4} \div \dfrac{15}{8} = \dfrac{9}{4} \times \boxed{} = \dfrac{9 \times \overset{2}{8}}{\underset{1}{4} \times 15} = \boxed{}$

④ $\dfrac{12}{25} \div \dfrac{16}{15} = \dfrac{12}{25} \times \boxed{} = \dfrac{\overset{3}{12} \times \overset{3}{15}}{25 \times 16} = \boxed{}$

2 計算をしましょう。

① $\dfrac{9}{10} \div \dfrac{3}{5}$ 　　② $\dfrac{4}{9} \div \dfrac{14}{15}$

③ $\dfrac{12}{7} \div \dfrac{9}{14}$ 　　④ $\dfrac{21}{10} \div \dfrac{6}{25}$

⑤ $\dfrac{8}{15} \div \dfrac{16}{5}$ 　　⑥ $\dfrac{9}{16} \div \dfrac{15}{4}$

⑦ $\dfrac{20}{9} \div \dfrac{25}{18}$ 　　⑧ $\dfrac{26}{21} \div \dfrac{39}{28}$

ポイント 一度約分できても，さらに約分できないか，確認しましょう。

23

4 分数のわり算(1)

⑤ 3つの分数のわり算
基本のワーク

答え 4ページ

★ $\dfrac{9}{8} \div \dfrac{1}{5} \div \dfrac{3}{4}$ の計算をしましょう。

とき方 $\dfrac{9}{8} \div \dfrac{1}{5} \div \dfrac{3}{4} = \dfrac{9}{8} \times \boxed{} \times \boxed{} = \dfrac{9 \times 5 \times \overset{1}{4}}{\underset{1}{8} \times 1 \times 3} = \boxed{}$

答え $\boxed{}$

たいせつ
わり算をすべてかけ算になおして，3つの分数のかけ算として計算します。

1 計算をしましょう。

❶ $\dfrac{5}{7} \div \dfrac{1}{2} \div \dfrac{10}{3} = \dfrac{5}{7} \times \boxed{} \times \boxed{} = \dfrac{\overset{1}{5} \times \overset{1}{2} \times \boxed{}}{7 \times 1 \times \underset{2}{\cancel{}}} = \boxed{}$

約分のし忘れに気をつけよう。

❷ $\dfrac{4}{5} \div \dfrac{6}{7} \div \dfrac{8}{15} = \dfrac{4}{5} \times \boxed{} \times \boxed{} = \dfrac{\overset{1}{4} \times 7 \times \overset{3}{15}}{\underset{1}{5} \times 6 \times 8} = \boxed{}$

2 計算をしましょう。

❶ $\dfrac{5}{3} \div \dfrac{2}{7} \div \dfrac{8}{5}$

❷ $\dfrac{5}{13} \div \dfrac{3}{4} \div \dfrac{9}{5}$

❸ $\dfrac{3}{8} \div \dfrac{1}{5} \div \dfrac{3}{4}$

❹ $\dfrac{12}{5} \div \dfrac{3}{5} \div \dfrac{8}{3}$

❺ $\dfrac{14}{15} \div \dfrac{7}{3} \div \dfrac{2}{5}$

❻ $\dfrac{25}{21} \div \dfrac{15}{28} \div \dfrac{10}{9}$

❼ $\dfrac{27}{16} \div \dfrac{9}{7} \div \dfrac{3}{16}$

❽ $\dfrac{49}{6} \div \dfrac{14}{9} \div \dfrac{7}{18}$

ポイント 分数のわり算では，かけ算になおしてから計算します。約分できる数はすべて約分します。

まとめのテスト❶

時間 **20** 分

答え 4ページ

得点　　/100点

1 よく出る 計算をしましょう。　　　　　　　　　　　　　　　　　　　　　　　　　1つ5〔50点〕

① $\dfrac{5}{2} \div \dfrac{2}{3}$

② $\dfrac{2}{3} \div \dfrac{7}{5}$

③ $\dfrac{4}{7} \div \dfrac{2}{9}$

④ $\dfrac{7}{4} \div \dfrac{5}{6}$

⑤ $\dfrac{9}{7} \div \dfrac{6}{5}$

⑥ $\dfrac{3}{5} \div \dfrac{9}{10}$

⑦ $\dfrac{9}{8} \div \dfrac{3}{4}$

⑧ $\dfrac{4}{9} \div \dfrac{8}{15}$

⑨ $\dfrac{9}{16} \div \dfrac{15}{14}$

⑩ $\dfrac{35}{32} \div \dfrac{49}{24}$

2 計算をしましょう。　　　　　　　　　　　　　　　　　　　　　　　　　　　　1つ5〔30点〕

① $4 \div \dfrac{3}{5}$

② $\dfrac{2}{3} \div 7$

③ $12 \div \dfrac{4}{5}$

④ $\dfrac{4}{7} \div 2$

⑤ $10 \div \dfrac{8}{9}$

⑥ $\dfrac{8}{7} \div 6$

3 計算をしましょう。　　　　　　　　　　　　　　　　　　　　　　　　　　　　1つ5〔20点〕

① $\dfrac{1}{6} \div \dfrac{5}{8} \div \dfrac{4}{9}$

② $\dfrac{7}{8} \div \dfrac{4}{9} \div \dfrac{7}{24}$

③ $\dfrac{15}{4} \div 12 \div \dfrac{3}{8}$

④ $6 \div \dfrac{2}{3} \div \dfrac{9}{5}$

チェック ☑　□ 分数÷整数が計算できたかな？
　　　　　　　□ 整数÷分数が計算できたかな？

25

勉強した日 月 日

まとめのテスト❷

時間 20分

答え 4ページ

得点 /100点

1 よく出る 計算をしましょう。 1つ5〔50点〕

① $\dfrac{5}{8} \div \dfrac{1}{5}$

② $\dfrac{4}{5} \div \dfrac{8}{3}$

③ $\dfrac{1}{2} \div \dfrac{5}{6}$

④ $\dfrac{3}{10} \div \dfrac{7}{8}$

⑤ $\dfrac{8}{9} \div \dfrac{12}{13}$

⑥ $\dfrac{8}{15} \div \dfrac{2}{3}$

⑦ $\dfrac{5}{6} \div \dfrac{25}{24}$

⑧ $\dfrac{5}{6} \div \dfrac{15}{8}$

⑨ $\dfrac{4}{13} \div \dfrac{2}{39}$

⑩ $\dfrac{35}{36} \div \dfrac{14}{15}$

2 計算をしましょう。 1つ5〔30点〕

① $3 \div \dfrac{5}{6}$

② $\dfrac{4}{7} \div 5$

③ $8 \div \dfrac{4}{7}$

④ $\dfrac{10}{11} \div 5$

⑤ $12 \div \dfrac{9}{11}$

⑥ $\dfrac{21}{10} \div 14$

3 計算をしましょう。 1つ5〔20点〕

① $\dfrac{21}{5} \div \dfrac{9}{4} \div \dfrac{28}{15}$

② $\dfrac{3}{8} \div \dfrac{5}{4} \div \dfrac{13}{20}$

③ $\dfrac{10}{9} \div \dfrac{25}{18} \div 24$

④ $\dfrac{10}{11} \div 5 \div 22$

チェック✓

□ 分数÷分数が計算できたかな？
□ わり算をかけ算になおせたかな？

まとめのテスト❸

1 よく出る 計算をしましょう。　1つ5〔50点〕

① $\dfrac{6}{7} \div \dfrac{5}{9}$

② $\dfrac{11}{12} \div \dfrac{3}{4}$

③ $\dfrac{10}{7} \div \dfrac{5}{8}$

④ $\dfrac{6}{11} \div \dfrac{8}{15}$

⑤ $\dfrac{11}{15} \div \dfrac{17}{20}$

⑥ $\dfrac{4}{9} \div \dfrac{2}{3}$

⑦ $\dfrac{28}{15} \div \dfrac{7}{3}$

⑧ $\dfrac{25}{18} \div \dfrac{10}{9}$

⑨ $\dfrac{9}{10} \div \dfrac{6}{25}$

⑩ $\dfrac{20}{33} \div \dfrac{25}{22}$

2 計算をしましょう。　1つ5〔30点〕

① $5 \div \dfrac{2}{3}$

② $\dfrac{1}{2} \div 11$

③ $6 \div \dfrac{3}{5}$

④ $\dfrac{14}{15} \div 7$

⑤ $14 \div \dfrac{7}{6}$

⑥ $\dfrac{28}{15} \div 42$

3 計算をしましょう。　1つ5〔20点〕

① $\dfrac{1}{2} \div \dfrac{2}{3} \div \dfrac{16}{9}$

② $\dfrac{13}{30} \div \dfrac{26}{5} \div \dfrac{7}{12}$

③ $36 \div \dfrac{12}{7} \div \dfrac{21}{2}$

④ $\dfrac{5}{18} \div \dfrac{25}{12} \div 2$

チェック✔　□ 約分のし忘れがないように注意して計算できたかな？
□ 3つの分数のわり算はできたかな？

① 帯分数のわり算 (1)

基本のワーク

答え 5ページ

☆ 計算をしましょう。

① $2\dfrac{2}{5} \div 8$ ② $1\dfrac{2}{3} \div \dfrac{2}{3}$

とき方 帯分数をふくむわり算では，帯分数を仮分数になおして計算します。計算のと中で約分できるときは，約分します。

① $2\dfrac{2}{5} \div 8 = \dfrac{\boxed{}}{5} \div 8 = \dfrac{\overset{3}{\cancel{\boxed{}}}}{\boxed{} \times \underset{2}{\cancel{\boxed{}}}} = \boxed{}$ 答え $\boxed{}$

② $1\dfrac{2}{3} \div \dfrac{2}{3} = \dfrac{\boxed{}}{3} \div \dfrac{2}{3} = \dfrac{\boxed{}}{3} \times \boxed{} = \dfrac{5 \times \overset{1}{3}}{\underset{1}{3} \times \boxed{}} = \boxed{}$ 答え $\boxed{}$

1 計算をしましょう。

① $3\dfrac{1}{3} \div 2 = \dfrac{\boxed{}}{3} \div 2 = \dfrac{\overset{5}{\cancel{\boxed{}}}}{\boxed{} \times \underset{1}{\cancel{\boxed{}}}} = \boxed{}$

② $2\dfrac{5}{8} \div \dfrac{9}{4} = \dfrac{\boxed{}}{8} \div \dfrac{9}{4} = \dfrac{\boxed{}}{8} \times \boxed{} = \dfrac{\overset{}{\cancel{21}} \times \overset{1}{\cancel{4}}}{\underset{\boxed{}}{\cancel{8}} \times \underset{3}{\cancel{9}}} = \boxed{}$

わり算する前に約分できるかどうか調べよう。

2 計算をしましょう。

① $2\dfrac{3}{5} \div 3$ ② $3\dfrac{5}{6} \div 4$

③ $5\dfrac{2}{9} \div 4$ ④ $6\dfrac{5}{12} \div 5$

⑤ $1\dfrac{2}{7} \div \dfrac{1}{4}$ ⑥ $1\dfrac{5}{6} \div \dfrac{3}{8}$

⑦ $2\dfrac{4}{5} \div \dfrac{21}{10}$ ⑧ $4\dfrac{1}{8} \div \dfrac{11}{12}$

ポイント 帯分数をふくむわり算では，まず帯分数を仮分数になおしてから，わり算します。

② 帯分数のわり算 (2)

基本のワーク

答え 5ページ

☆ $\dfrac{3}{5} \div 2\dfrac{1}{7}$ の計算をしましょう。

かけ算になおす。

とき方 $\dfrac{3}{5} \div 2\dfrac{1}{7} = \dfrac{3}{5} \div \dfrac{\boxed{}}{7} = \dfrac{3}{5} \times \boxed{} = \dfrac{\overset{1}{3} \times 7}{5 \times \underset{\boxed{}}{15}} = \boxed{}$

仮分数になおす。

答え $\boxed{}$

🐶 **たいせつ**
帯分数を仮分数になおし，わり算をかけ算になおして計算します。

1 計算をしましょう。

❶ $\dfrac{3}{4} \div 3\dfrac{1}{3} = \dfrac{3}{4} \div \dfrac{\boxed{}}{3} = \dfrac{3}{4} \times \boxed{} = \dfrac{3 \times \boxed{}}{4 \times \boxed{}} = \boxed{}$

帯分数を仮分数になおせば，仮分数とのわり算になるね。

❷ $\dfrac{9}{4} \div 2\dfrac{5}{8} = \dfrac{9}{4} \div \dfrac{\boxed{}}{8} = \dfrac{9}{4} \times \boxed{} = \dfrac{\overset{3}{9} \times \overset{\boxed{}}{8}}{\underset{1}{4} \times \underset{\boxed{}}{21}} = \boxed{}$

❸ $6 \div 3\dfrac{1}{5} = \dfrac{6}{1} \div \dfrac{\boxed{}}{5} = \dfrac{6}{1} \times \boxed{} = \dfrac{\overset{3}{6} \times 5}{1 \times \underset{\boxed{}}{16}} = \boxed{}$

2 計算をしましょう。

❶ $\dfrac{1}{5} \div 1\dfrac{2}{7}$

❷ $8 \div 2\dfrac{1}{4}$

❸ $\dfrac{5}{8} \div 3\dfrac{1}{2}$

❹ $6 \div 3\dfrac{3}{7}$

❺ $\dfrac{3}{4} \div 2\dfrac{1}{6}$

❻ $12 \div 1\dfrac{3}{5}$

❼ $\dfrac{4}{9} \div 5\dfrac{1}{3}$

❽ $\dfrac{35}{12} \div 2\dfrac{5}{8}$

ポイント 帯分数のわり算は，「帯分数を仮分数になおす→わり算をかけ算になおす→約分できる数を約分する→計算する」の順に行います。

③ 帯分数のわり算 (3)
基本のワーク

答え 5ページ

☆ $1\frac{2}{3} \div 2\frac{1}{6}$ の計算をしましょう。

とき方　$1\frac{2}{3} \div 2\frac{1}{6} = \dfrac{\square}{3} \div \dfrac{\square}{6} = \dfrac{\square}{3} \times \dfrac{\square}{\square} = \dfrac{5 \times \cancel{6}}{3 \times 13} = \square$

仮分数になおす。　　かけ算になおす。

答え $\square$

たいせつ

帯分数をふくむわり算では，すべての帯分数を仮分数になおしてから，かけ算になおして計算します。

1 計算をしましょう。

① $2\frac{1}{4} \div 1\frac{2}{5} = \dfrac{\square}{4} \div \dfrac{\square}{5} = \dfrac{\square}{4} \times \dfrac{\square}{\square} = \dfrac{9 \times \square}{4 \times \square} = \square$

② $1\frac{5}{9} \div 1\frac{11}{24} = \dfrac{\square}{9} \div \dfrac{\square}{24} = \dfrac{\square}{9} \times \dfrac{\square}{\square} = \dfrac{\overset{\square}{\cancel{14}} \times \overset{\square}{\cancel{24}}}{\underset{\square}{\cancel{9}} \times \underset{\square}{35}} = \square$

帯分数÷帯分数の計算は，仮分数÷仮分数の計算になるね。

2 計算をしましょう。

① $2\frac{2}{5} \div 1\frac{1}{4}$

② $1\frac{2}{3} \div 1\frac{4}{7}$

③ $1\frac{3}{7} \div 2\frac{1}{2}$

④ $1\frac{5}{6} \div 1\frac{7}{8}$

⑤ $2\frac{1}{3} \div 1\frac{5}{9}$

⑥ $1\frac{3}{7} \div 2\frac{1}{7}$

⑦ $2\frac{5}{8} \div 2\frac{3}{16}$

⑧ $3\frac{3}{4} \div 4\frac{1}{6}$

⑨ $2\frac{11}{12} \div 1\frac{13}{27}$

⑩ $1\frac{9}{16} \div 1\frac{11}{24}$

ポイント　帯分数を仮分数になおせば，仮分数÷仮分数の計算になります。

④ 3つの分数のわり算

基本のワーク

答え 5ページ

☆ $1\frac{2}{5} \div \frac{9}{10} \div \frac{7}{6}$ の計算をしましょう。

とき方

仮分数になおす。　　　　　　　　　　かけ算になおす。

$1\frac{2}{5} \div \frac{9}{10} \div \frac{7}{6} = \frac{\square}{5} \div \frac{9}{10} \div \frac{7}{6} = \frac{\square}{5} \times \square \times \square = \frac{7 \times 10 \times 6}{5 \times 9 \times 7} = \square$

たいせつ

$\div \frac{b}{a}$ は，すべて $\times \frac{a}{b}$ にして，かけ算だけの式になおして計算します。

答え $\square$

1 計算をしましょう。

❶ $2\frac{1}{4} \div 3 \div \frac{6}{5} = \frac{\square}{4} \div 3 \div \frac{6}{5} = \frac{\square}{4} \times \square \times \square = \frac{9 \times 1 \times 5}{4 \times 3 \times 6} = \square$

❷ $2\frac{1}{12} \div 2\frac{5}{8} \div 2\frac{1}{7} = \frac{\square}{12} \div \frac{\square}{8} \div \frac{\square}{7} = \frac{\square}{12} \times \square \times \square = \frac{25 \times 8 \times 7}{12 \times 21 \times 15} = \square$

2 計算をしましょう。

❶ $4\frac{1}{6} \div \frac{7}{3} \div 1\frac{1}{3}$

❷ $\frac{5}{6} \div 1\frac{7}{8} \div \frac{7}{5}$

❸ $2\frac{1}{5} \div \frac{2}{15} \div 5\frac{1}{2}$

❹ $2\frac{5}{8} \div 14 \div \frac{9}{16}$

❺ $1\frac{3}{25} \div \frac{14}{15} \div \frac{9}{10}$

❻ $\frac{25}{12} \div 2\frac{3}{16} \div 1\frac{1}{14}$

ポイント　分数でわる計算では，わり算をすべてかけ算になおしてから計算します。

勉強した日 ▷　月　日

まとめのテスト❶

時間 **20** 分

答え　5ページ

得点

/100点

1 計算をしましょう。

1つ4〔40点〕

① $1\dfrac{1}{2} \div \dfrac{2}{3}$

② $2\dfrac{1}{3} \div 4$

③ $1\dfrac{4}{7} \div \dfrac{11}{12}$

④ $2\dfrac{4}{5} \div 7$

⑤ $2\dfrac{1}{4} \div \dfrac{3}{2}$

⑥ $\dfrac{5}{8} \div 1\dfrac{2}{5}$

⑦ $5 \div 1\dfrac{1}{6}$

⑧ $6 \div 1\dfrac{5}{9}$

⑨ $\dfrac{7}{12} \div 1\dfrac{3}{4}$

⑩ $\dfrac{9}{8} \div 2\dfrac{7}{10}$

2 よく出る 計算をしましょう。

1つ6〔24点〕

① $1\dfrac{3}{4} \div 1\dfrac{5}{6}$

② $2\dfrac{1}{10} \div 1\dfrac{2}{5}$

③ $1\dfrac{7}{8} \div 2\dfrac{1}{4}$

④ $2\dfrac{11}{12} \div 2\dfrac{13}{16}$

3 計算をしましょう。

1つ9〔36点〕

① $\dfrac{9}{5} \div 5 \div 2\dfrac{7}{10}$

② $2\dfrac{2}{9} \div 2\dfrac{2}{15} \div 1\dfrac{9}{16}$

③ $1\dfrac{3}{7} \div \dfrac{15}{8} \div 1\dfrac{7}{9}$

④ $2\dfrac{1}{3} \div 4\dfrac{9}{10} \div 1\dfrac{5}{7}$

チェック ✔

□ 帯分数をふくむわり算では，まず帯分数を仮分数になおせたかな？
□ わり算をかけ算になおせたかな？

まとめのテスト❷

得点

／100点

答え 5ページ

1 計算をしましょう。　　　　　　　　　　　　　　　　　　　　　1つ4〔40点〕

❶ $1\dfrac{2}{9} \div \dfrac{5}{7}$

❷ $3\dfrac{1}{4} \div 6$

❸ $3\dfrac{5}{6} \div \dfrac{2}{9}$

❹ $2\dfrac{8}{9} \div 4$

❺ $1\dfrac{5}{6} \div \dfrac{11}{4}$

❻ $\dfrac{2}{3} \div 1\dfrac{3}{4}$

❼ $3 \div 2\dfrac{1}{8}$

❽ $9 \div 1\dfrac{1}{2}$

❾ $\dfrac{5}{7} \div 3\dfrac{1}{3}$

❿ $\dfrac{25}{12} \div 2\dfrac{2}{9}$

2 よく出る 計算をしましょう。　　　　　　　　　　　　　　　　1つ6〔24点〕

❶ $2\dfrac{2}{3} \div 1\dfrac{1}{3}$

❷ $3\dfrac{3}{5} \div 3\dfrac{1}{3}$

❸ $1\dfrac{7}{18} \div 1\dfrac{19}{21}$

❹ $2\dfrac{2}{27} \div 3\dfrac{8}{9}$

3 計算をしましょう。　　　　　　　　　　　　　　　　　　　　　1つ9〔36点〕

❶ $1\dfrac{1}{4} \div \dfrac{7}{6} \div \dfrac{3}{8}$

❷ $2\dfrac{11}{12} \div 1\dfrac{5}{9} \div 1\dfrac{7}{8}$

❸ $\dfrac{5}{6} \div 2\dfrac{2}{3} \div 1\dfrac{3}{4}$

❹ $5\dfrac{5}{6} \div 2\dfrac{1}{10} \div 1\dfrac{7}{18}$

チェック ✔　□ 約分のし忘れがないように注意して計算できたかな？
　　　　　　□ 帯分数をふくむ3つの分数のわり算はできたかな？

33

6 分数のいろいろな計算

① ×と÷の混じった分数の計算
基本のワーク

答え 6ページ

☆ $\frac{7}{4} \div 1\frac{1}{6} \times \frac{8}{9}$ の計算をしましょう。

とき方 $\frac{7}{4} \div 1\frac{1}{6} \times \frac{8}{9} = \frac{7}{4} \div \boxed{} \times \frac{8}{9} = \frac{7 \times \boxed{} \times 8}{4 \times \boxed{} \times 9} = \boxed{}$

仮分数になおす。

答え $\boxed{}$

たいせつ
分数のかけ算とわり算の混じった計算では，わり算をすべてかけ算になおして計算します。

1 計算をしましょう。

❶ $\frac{3}{2} \div 9 \times \frac{4}{5} = \frac{3}{2} \div \frac{9}{1} \times \frac{4}{5} = \frac{3 \times 1 \times 4}{2 \times 9 \times 5} = \boxed{}$

帯分数を仮分数にしてから，かけ算だけの式になおして計算するんだね。

❷ $3\frac{3}{4} \times \frac{3}{5} \div \frac{5}{2} = \frac{\boxed{}}{4} \times \frac{3}{5} \times \boxed{} = \frac{15 \times 3 \times 2}{4 \times 5 \times 5} = \boxed{}$

❸ $2\frac{2}{3} \div 2\frac{7}{9} \times 2\frac{1}{2} = \frac{\boxed{}}{3} \div \frac{\boxed{}}{9} \times \frac{\boxed{}}{2} = \frac{8 \times 9 \times 5}{3 \times 25 \times 2} = \boxed{}$

2 計算をしましょう。

❶ $\frac{4}{3} \times \frac{1}{6} \div \frac{5}{9}$

❷ $\frac{6}{5} \div \frac{3}{4} \times \frac{7}{8}$

❸ $\frac{6}{7} \times \frac{5}{8} \div \frac{9}{4}$

❹ $\frac{2}{7} \div \frac{9}{7} \times \frac{3}{4}$

❺ $\frac{8}{15} \times \frac{7}{12} \div \frac{14}{9}$

❻ $\frac{9}{5} \div 6 \times 1\frac{1}{3}$

❼ $1\frac{5}{9} \times 1\frac{1}{8} \div 1\frac{1}{6}$

❽ $1\frac{5}{7} \div 2\frac{1}{4} \times 2\frac{5}{8}$

ポイント 分数のかけ算とわり算の混じった計算では，わる数の逆数をかけて，かけ算だけの式になおします。

② ＋，－，×，÷の混じった分数の計算

基本のワーク

答え 6ページ

やってみよう

☆ 計算をしましょう。

① $\dfrac{1}{2}+\dfrac{3}{8}\times 1\dfrac{1}{3}$

② $1\dfrac{5}{6}\div\left(\dfrac{5}{4}-\dfrac{1}{3}\right)$

とき方 ① かけ算を先に計算します。

$$\dfrac{1}{2}+\dfrac{3}{8}\times 1\dfrac{1}{3}=\dfrac{1}{2}+\dfrac{3}{8}\times\dfrac{\square}{3}=\dfrac{1}{2}+\dfrac{3\times\overset{1}{4}}{8\times3}=\dfrac{1}{2}+\square=\square$$

答え $\square$

② かっこの中を先に計算します。

$$1\dfrac{5}{6}\div\left(\dfrac{5}{4}-\dfrac{1}{3}\right)=\dfrac{\square}{6}\div\left(\dfrac{\square}{12}-\dfrac{\square}{12}\right)$$

$$=\dfrac{\square}{6}\div\dfrac{\square}{\square}=\dfrac{\overset{1}{\cancel{11}}\times\overset{1}{\cancel{12}}}{\underset{1}{\cancel{6}}\times\underset{1}{\cancel{11}}}=\square$$

答え $\square$

たいせつ

計算のきまりにしたがって，（　）の中を先に，また×や÷は＋や－より先に計算します。

1 計算をしましょう。

① $\dfrac{7}{6}-\dfrac{3}{4}\times\dfrac{2}{5}=\dfrac{7}{6}-\dfrac{3\times\overset{1}{2}}{4\times5}=\dfrac{7}{6}-\square=\square-\dfrac{\square}{30}=\dfrac{\overset{13}{\cancel{\square}}}{30}=\square$

② $\left(\dfrac{5}{12}+\dfrac{1}{2}\right)\div\dfrac{5}{6}=\left(\dfrac{5}{12}+\dfrac{\square}{12}\right)\div\dfrac{5}{6}=\square\div\dfrac{5}{6}$

$=\dfrac{\square\times\overset{1}{\cancel{\square}}}{\underset{2}{\cancel{\square}}\times\square}=\square$

まず（　）の中を計算するよ。

2 計算をしましょう。

① $\dfrac{4}{5}\times\dfrac{9}{8}-\dfrac{5}{6}$

② $1\dfrac{2}{3}-\dfrac{7}{8}\div\dfrac{3}{4}$

③ $\left(\dfrac{7}{8}-\dfrac{5}{6}\right)\div\dfrac{1}{9}$

④ $4\dfrac{2}{7}\times\left(\dfrac{3}{10}+\dfrac{8}{15}\right)$

⑤ $\dfrac{5}{6}+\dfrac{2}{3}\times\dfrac{1}{10}-\dfrac{1}{5}$

⑥ $2\dfrac{2}{3}\times\dfrac{1}{6}+\dfrac{4}{9}\div 1\dfrac{1}{7}$

ポイント 分数の計算のときも，（　）の中を先に，また×や÷を＋や－より先に計算します。

まとめのテスト❶

時間 **20** 分

得点　　/100点

答え **6ページ**

1 よく出る　計算をしましょう。　　　　　　　　　　　　　　1つ8〔64点〕

① $\dfrac{1}{4} \times \dfrac{2}{3} \div \dfrac{5}{6}$

② $\dfrac{1}{2} \div \dfrac{3}{4} \times \dfrac{9}{2}$

③ $\dfrac{5}{6} \div \dfrac{8}{3} \times \dfrac{12}{5}$

④ $\dfrac{8}{9} \times \dfrac{21}{5} \div \dfrac{28}{5}$

⑤ $12 \times \dfrac{21}{16} \div \dfrac{7}{2}$

⑥ $1\dfrac{7}{8} \div \dfrac{5}{12} \times \dfrac{1}{9}$

⑦ $7\dfrac{1}{3} \div 1\dfrac{5}{6} \times \dfrac{3}{8}$

⑧ $1\dfrac{9}{16} \times 4\dfrac{1}{5} \div 4\dfrac{3}{8}$

2 計算をしましょう。　　　　　　　　　　　　　　　　1つ6〔36点〕

① $\dfrac{11}{3} \times \dfrac{1}{4} - \dfrac{7}{10}$

② $\dfrac{5}{6} - \dfrac{4}{3} \div 2\dfrac{1}{2}$

③ $\left(\dfrac{3}{4} + \dfrac{6}{7} \right) \div \dfrac{9}{28}$

④ $2\dfrac{2}{5} \times \left(1\dfrac{1}{4} - \dfrac{5}{12} \right)$

⑤ $\dfrac{7}{3} - \dfrac{15}{4} \times \dfrac{2}{9} + \dfrac{3}{10}$

⑥ $3\dfrac{1}{8} \times \dfrac{14}{15} - \dfrac{9}{10} \div 1\dfrac{1}{5}$

□ 帯分数をふくむかけ算やわり算では，帯分数を仮分数になおせたかな？
□ 分数のわり算を，かけ算になおせたかな？

まとめのテスト❷

答え 6ページ

時間 **20** 分

得点

／100点

1 計算をしましょう。

1つ8〔64点〕

❶ $\dfrac{2}{3} \times \dfrac{1}{6} \div \dfrac{5}{9}$

❷ $\dfrac{5}{3} \div \dfrac{4}{9} \times \dfrac{2}{5}$

❸ $\dfrac{14}{15} \div \dfrac{7}{6} \times \dfrac{3}{8}$

❹ $\dfrac{25}{7} \times \dfrac{14}{9} \div \dfrac{10}{3}$

❺ $\dfrac{21}{20} \times \dfrac{15}{14} \div \dfrac{9}{8}$

❻ $2\dfrac{4}{7} \div \dfrac{15}{28} \times \dfrac{5}{36}$

❼ $5\dfrac{1}{4} \div 3\dfrac{8}{9} \times \dfrac{10}{27}$

❽ $2\dfrac{11}{12} \times \dfrac{16}{25} \div 1\dfrac{13}{15}$

2 計算をしましょう。

1つ6〔36点〕

❶ $\dfrac{11}{6} - \dfrac{4}{5} \times \dfrac{2}{3}$

❷ $1\dfrac{5}{7} \div 2\dfrac{2}{3} + \dfrac{3}{10}$

❸ $\dfrac{9}{8} \div \left(\dfrac{7}{4} - \dfrac{11}{14} \right)$

❹ $\left(2\dfrac{4}{5} - \dfrac{8}{15} \right) \times 1\dfrac{1}{14}$

❺ $\dfrac{11}{10} - \dfrac{4}{9} \div \dfrac{10}{21} + \dfrac{2}{15}$

❻ $\dfrac{3}{4} \div 1\dfrac{1}{6} - \dfrac{2}{9} \times 2\dfrac{1}{7}$

チェック✔ □ 必要に応じて，通分をすることができたかな？
□ 計算のきまりにしたがって，計算できたかな？

① 整数のわり算を分数で表す計算
基本のワーク

☆ 計算をしましょう。

① $35 \div 12 \div 49 \times 18$

② $5 \div 6 - 7 \div 10$

とき方 ① $35 \div 12 \div 49 \times 18 = 35 \times \dfrac{1}{\Box} \times \dfrac{1}{\Box} \times 18$

$$= \dfrac{\overset{5}{35} \times \overset{3}{18}}{\underset{\Box}{12} \times \underset{\Box}{49}} = \Box$$

答え $\Box$

② $5 \div 6 - 7 \div 10 = 5 \times \dfrac{1}{\Box} - 7 \times \dfrac{1}{\Box} = \dfrac{5}{6} - \dfrac{7}{10} = \dfrac{\Box}{30} - \dfrac{\Box}{30} = \dfrac{\overset{2}{4}}{\underset{\Box}{30}} = \Box$

 たいせつ

整数どうしのわり算の商は，分数で表せます。 $a \div b = \dfrac{a}{b}$

答え $\Box$

① 計算をしましょう。

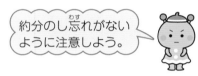
約分のし忘れがない
ように注意しよう。

① $9 \div 12 \div 15 = 9 \times \dfrac{1}{\Box} \times \dfrac{1}{\Box} = \dfrac{\overset{3}{\underset{}{\overset{1}{9}}}}{\underset{4}{12} \times \underset{\Box}{15}} = \Box$

② $8 \div 12 + 12 \div 16 = \dfrac{\overset{2}{\cancel{8}}}{\underset{3}{\cancel{}}} + \dfrac{\overset{3}{\cancel{}}}{\underset{\Box}{16}} = \dfrac{2}{\Box} + \dfrac{\Box}{4} = \dfrac{8}{12} + \dfrac{\Box}{12} = \Box$

② 計算をしましょう。

① $24 \div 42 \times 28$

② $45 \div 25 \div 18$

③ $18 \times 24 \div 32 \div 12$

④ $51 \div 39 \div 85 \times 78$

⑤ $30 \div \dfrac{1}{8} \div 36$

⑥ $\dfrac{8}{9} \div 18 \times 72 \div 12$

⑦ $15 \div 18 - 20 \div 32$

⑧ $14 \div 24 + 21 \div 18$

ポイント 整数どうしのわり算では，逆数を使って，商を分数で表すことができます。

② 小数を分数で表すかけ算とわり算 (1)

基本のワーク

答え 6ページ

☆ 計算をしましょう。

① $\dfrac{4}{9} \times 1.5$

② $6.5 \div 0.75$

とき方 ① $1.5 = \dfrac{\overset{3}{15}}{\underset{2}{10}} = \dfrac{\square}{\square}$ だから，$\dfrac{4}{9} \times 1.5 = \dfrac{4}{9} \times \dfrac{\square}{\square} = \dfrac{\overset{2}{4} \times \overset{1}{3}}{\underset{3}{9} \times \underset{1}{2}} = \square$ 　答え $\square$

② $6.5 = \dfrac{\overset{13}{65}}{\boxed{}_2} = \dfrac{\square}{\square}$ ，$0.75 = \dfrac{\overset{3}{75}}{\boxed{}_4} = \dfrac{\square}{\square}$ だから，

$6.5 \div 0.75 = \dfrac{13}{2} \div \dfrac{3}{4} = \dfrac{13 \times \overset{2}{4}}{\underset{1}{2} \times 3} = \boxed{}$ 　答え $\boxed{}$

1 計算をしましょう。

① $3.6 \div \dfrac{12}{5} = \dfrac{\overset{18}{36}}{\boxed{}_5} \times \dfrac{\square}{\square} = \dfrac{\overset{3}{\square} \times \square}{\underset{1}{\square} \times \underset{2}{\square}} = \boxed{}$

② $2.1 \div 0.49 = \dfrac{21}{\square} \div \dfrac{49}{\square} = \dfrac{\overset{3}{21} \times \overset{10}{\square}}{\underset{1}{\square} \times \underset{7}{\square}} = \boxed{}$

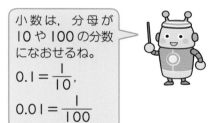

小数は，分母が10や100の分数になおせるね。
$0.1 = \dfrac{1}{10}$，
$0.01 = \dfrac{1}{100}$

2 計算をしましょう。

① $\dfrac{5}{8} \times 1.2$

② $\dfrac{6}{5} \div 0.45$

③ $7 \div 4.2$

④ $0.32 \div 12$

⑤ $2\dfrac{2}{9} \times 0.72$

⑥ $0.625 \div 4\dfrac{1}{6}$

⑦ $0.9 \div 0.24$

⑧ 3.75×0.56

ポイント 小数でわる計算は，小数を分数になおしてから，かけ算にして計算できます。

7 分数，小数，整数の計算

③ 小数を分数で表すかけ算とわり算（2）

基本のワーク

答え 7ページ

やってみよう

☆ $0.36 \times 3\frac{1}{3} \div 0.9$ の計算をしましょう。

たいせつ
小数や分数，かけ算やわり算の混じった計算では，分数だけのかけ算になおして計算します。

とき方 $0.36 = \dfrac{36}{\boxed{}_{25}} = \dfrac{\boxed{}}{\boxed{}}$, $0.9 = \dfrac{\boxed{}}{10}$ だから，

$0.36 \times 3\dfrac{1}{3} \div 0.9 = \dfrac{9}{25} \times \dfrac{\boxed{}}{3} \div \dfrac{9}{10} = \dfrac{\overset{1}{\cancel{9}} \times \overset{\boxed{}}{\cancel{10}} \times \overset{\boxed{}}{\cancel{10}}}{\underset{5}{\cancel{25}} \times 3 \times \underset{1}{\cancel{9}}} = \boxed{}$

答え $\boxed{}$

---

1 計算をしましょう。

❶ $0.21 \times 2.5 \times 7\dfrac{1}{7} = \dfrac{21}{\boxed{}} \times \dfrac{25}{\underset{2}{\cancel{\boxed{}}}} \times \dfrac{\boxed{}}{7} = \dfrac{21 \times 5 \times \overset{\boxed{}}{50}}{100 \times 2 \times 7} = \boxed{}$

❷ $0.8 \div 0.6 \times 1.5 = \dfrac{8}{\boxed{}_{10}} \div \dfrac{6}{\boxed{}_{10}} \times \dfrac{15}{\boxed{}_{10}} = \dfrac{\overset{2}{\cancel{\boxed{}}} \times 5 \times \overset{1}{\cancel{\boxed{}}}}{5 \times \underset{1}{\cancel{\boxed{}}} \times 2} = \boxed{}$

2 計算をしましょう。

❶ $\dfrac{6}{7} \times 0.42 \times \dfrac{25}{8}$

❷ $0.35 \div 20 \times \dfrac{10}{7}$

❸ $4.8 \times 4\dfrac{1}{6} \div 30$

❹ $1\dfrac{7}{8} \div 2.4 \times 1.6$

❺ $25 \times 0.18 \div 4.5$

❻ $10 \div 0.35 \times 0.14$

$0.125 = \dfrac{125}{1000}$ とできるね。

❼ $1.25 \div 7.5 \times 0.6$

❽ $1.125 \div 0.75 \div 1.5$

ポイント 小数を分数になおすとき，かけ算やわり算をする前に約分をしておくと，計算が簡単になります。

④ 小数を分数で表す計算
基本のワーク

答え **7ページ**

☆ $\left(0.5+\dfrac{2}{3}\right)\div\dfrac{7}{3}$ の計算をしましょう。

たいせつ
小数や分数の混じった計算では，小数を分数になおし，分数だけのかけ算になおしてから，計算のきまりにしたがって計算します。

かけ算になおす。

とき方 $\left(0.5+\dfrac{2}{3}\right)\div\dfrac{7}{3}=\left(\dfrac{1}{\square}+\dfrac{2}{3}\right)\times\dfrac{\square}{\square}$

分数になおす。

$=\left(\dfrac{\square}{6}+\dfrac{\square}{6}\right)\times\dfrac{\square}{\square}=\dfrac{\square}{6}\times\dfrac{\square}{\square}=\dfrac{\overset{1}{\cancel{7}}\times\overset{1}{3}}{\underset{\square}{6}\times\underset{1}{\cancel{7}}}=\square$ 　答え $\square$

---

1 計算をしましょう。

❶ $\left(1.25-\dfrac{4}{5}\right)\div\dfrac{3}{8}=\left(\dfrac{5}{\square}-\dfrac{4}{5}\right)\times\dfrac{\square}{\square}=\left(\dfrac{\square}{20}-\dfrac{\square}{20}\right)\times\dfrac{\square}{\square}$

$=\dfrac{\square}{20}\times\dfrac{\square}{\square}=\dfrac{9\times\overset{2}{8}}{20\times\underset{1}{3}}=\square$

（　）の中から先に計算するよ。

❷ $1.2\times\left(1.75-\dfrac{9}{8}\right)=\dfrac{6}{\square}\times\left(\dfrac{7}{\square}-\dfrac{9}{8}\right)=\dfrac{6}{\square}\times\dfrac{\square}{8}=\dfrac{\overset{\square}{6}\times\overset{1}{5}}{\underset{1}{5}\times\underset{\square}{8}}=\square$

---

2 計算をしましょう。

❶ $\left(1.1-\dfrac{5}{6}\right)\div\dfrac{4}{5}$ 　　　　❷ $\dfrac{9}{5}\div\left(0.6+\dfrac{3}{4}\right)$

❸ $0.15\div\left(\dfrac{3}{5}-0.24\right)$ 　　　　❹ $0.36\times\left(2.5+\dfrac{5}{6}\right)$

❺ $\left(\dfrac{5}{12}+1.25\right)\times0.6$ 　　　　❻ $\left(0.65-\dfrac{1}{15}\right)\div0.35$

❼ $\left(1\dfrac{7}{12}-\dfrac{2}{3}\right)\div2.75\times0.6$ 　　　　❽ $0.9\div2.4\div\left(1.5-\dfrac{2}{3}\right)$

ポイント $0.125=\dfrac{1}{8}$，$0.2=\dfrac{1}{5}$，$0.25=\dfrac{1}{4}$，$0.5=\dfrac{1}{2}$ などを覚えておくと，便利です。

時間 **20**分

得点 ／100点

答え **7ページ**

1 計算をしましょう。　　　　　　　　　　　　　　　　　　　　　1つ5〔30点〕

❶ $15 \div 27 \times 18$

❷ $24 \div 9 \div 20$

❸ $6 \times 8 \div 9 \div 4$

❹ $10 \div 16 \times 12 \div 9$

❺ $4 \div 3 + 5 \div 12$

❻ $20 \div 16 - 18 \div 40$

2 よく出る 計算をしましょう。　　　　　　　　　　　　　　　　　1つ5〔40点〕

❶ $0.9 \times \dfrac{5}{6}$

❷ $\dfrac{6}{5} \div 0.45$

❸ $1.5 \div 2.25$

❹ 0.24×7.5

❺ $\dfrac{5}{4} \times 0.6 \times \dfrac{2}{9}$

❻ $4 \times \dfrac{6}{5} \div 1.6$

❼ $0.32 \div 2.4 \times 1.5$

❽ $0.48 \div \dfrac{8}{5} \div 0.45$

3 計算をしましょう。　　　　　　　　　　　　　　　　　　　　　1つ5〔30点〕

❶ $\left(0.8 + \dfrac{2}{3}\right) \times \dfrac{10}{11}$

❷ $\left(\dfrac{13}{6} - 1.5\right) \div \dfrac{4}{3}$

❸ $0.4 \times \left(1.25 - \dfrac{5}{12}\right)$

❹ $2.6 \div \left(\dfrac{5}{6} + 0.9\right)$

❺ $\left(\dfrac{8}{5} + 0.9\right) \div 0.4 \times 0.2$

❻ $0.9 \div 1.3 \div \left(2.1 - \dfrac{3}{4}\right)$

42

□ 整数どうしのわり算を分数で表せたかな？
□ 小数を分数になおせたかな？

まとめのテスト❷

答え　7ページ

時間 **20** 分

得点

／100点

1 計算をしましょう。 1つ5〔30点〕

❶ 16÷36×6

❷ 45÷12÷10

❸ 18÷15×20÷24

❹ 30÷42÷45×28

❺ 14÷12−8÷30

❻ 39÷26−28÷40

2 よく出る 計算をしましょう。 1つ5〔40点〕

❶ $\dfrac{6}{7}×1.75$

❷ $0.36÷\dfrac{12}{5}$

❸ 0.9÷0.48

❹ 0.32×3.75

❺ $\dfrac{5}{6}×0.75×\dfrac{8}{7}$

❻ $9×\dfrac{14}{15}÷0.84$

❼ 0.24÷0.9×1.25

❽ $0.48÷\dfrac{8}{15}÷2.25$

3 計算をしましょう。 1つ5〔30点〕

❶ $\left(1.8−\dfrac{3}{4}\right)×\dfrac{8}{9}$

❷ $1.25×\left(1.3+\dfrac{5}{6}\right)$

❸ $\left(\dfrac{7}{10}+0.8\right)÷\dfrac{9}{4}$

❹ $1.4÷\left(\dfrac{13}{12}−0.15\right)$

❺ $0.3÷1.6÷\left(0.4+\dfrac{5}{4}\right)$

❻ $\left(1.2−\dfrac{8}{15}\right)÷0.5×1.05$

チェック ☑ □ 約分のし忘れがないように，注意して計算できたかな？
□ 計算のきまりにしたがって，計算できたかな？

① 割合と分数
基本のワーク

答え 8ページ

やってみよう

☆ □にあてはまる数を求めましょう。 $\frac{1}{3}$ は $\frac{5}{6}$ の □ 倍です。

とき方 $\frac{1}{3}$ が $\frac{□}{□}$ のどれだけにあたるかを求めます。

$\frac{1}{3} \div \frac{□}{□} = \frac{1 \times \overset{2}{□}}{3 \times \underset{1}{□}} = \frac{□}{5}$

答え □

 たいせつ
比べられる量やもとにする量が分数のときも，割合を求めるには，わり算を使います。

❶ $\frac{5}{8}$ は $\frac{3}{4}$ の何倍かを求めます。□にあてはまる数と答えを書きましょう。

$\frac{□}{□} \div \frac{3}{4} = \frac{5 \times \overset{1}{4}}{8 \times 3} = \frac{5}{□}$

答え（　　　　　）

❷ □にあてはまる数を求めましょう。

❶ $\frac{3}{4}$ m をもとにすると，$\frac{2}{3}$ m は □ 倍です。

❷ $\frac{2}{5}$ L を1とみると，$\frac{4}{9}$ L は □ にあたります。

❸ $\frac{2}{7}$ m² は $\frac{6}{5}$ m² の □ 倍です。

❹ $1\frac{1}{3}$ kg を1とみると，$\frac{2}{9}$ kg は □ にあたります。

❺ $4\frac{1}{6}$ 時間は $1\frac{1}{4}$ 時間の □ 倍です。

もとにする量はどっちかな？

ポイント　ある量がもとにする量のどれだけにあたるかを求めるときは，わり算を使います。
割合＝比べられる量÷もとにする量（1とみる量）

② 比べられる量と分数
基本のワーク

答え 8ページ

☆ □にあてはまる数を求めましょう。   1500gの $\frac{5}{6}$ 倍は □ gです。

とき方 $1500 \times \dfrac{\square}{\square} = \boxed{}$

答え □ g

たいせつ
比べられる量＝もとにする量×割合

① 800円の $\frac{2}{5}$ 倍は何円かを求めます。□にあてはまる数と答えを書きましょう。

$$800 \times \dfrac{\square}{\square} = \dfrac{800 \times 2}{\overset{1}{1 \times 5}} = \boxed{}$$

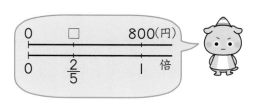

答え（   ）

② □にあてはまる数を求めましょう。

❶ 45gの $\frac{8}{9}$ にあたる重さは □ g です。

❷ 120L の $\frac{3}{5}$ にあたる体積は □ L です。

❸ 3500円の $\frac{3}{14}$ にあたる金額は □ 円です。

❹ $\frac{7}{12}$ m² の $\frac{9}{7}$ 倍は □ m² です。

分数のかけ算は，約分してから計算するんだったね。

❺ $\frac{24}{25}$ m の $\frac{15}{16}$ 倍は □ m です。

 何倍かにあたる量（比べられる量）を求めるときは，かけ算を使います。
比べられる量＝もとにする量×割合

③ もとにする量と分数
基本のワーク

答え 8ページ

やってみよう

☆ 右の□にあてはまる数を求めましょう。　□ m³ の $\frac{4}{3}$ は $\frac{5}{6}$ m³ です。

とき方 《1》 もとにする量＝比べられる量÷割合　だから,

$$\frac{5}{6} ÷ \frac{□}{□} = \frac{5}{6} × \frac{3}{4} = \frac{5×\overset{1}{3}}{6×4} = \boxed{}$$

たいせつ
もとにする量＝比べられる量÷割合

《2》 求める体積を x m³ とすると, $x × \frac{4}{3} = \frac{5}{6}$

$$x = \frac{5}{6} ÷ \frac{□}{□} = \frac{5}{6} × \frac{3}{4} = \boxed{}$$

答え □ m³

1 ある数の $\frac{3}{2}$ 倍が $\frac{1}{4}$ のとき, ある数を求めます。
□にあてはまる数と答えを書きましょう。

ある数を x とすると, $x × \frac{□}{□} = \frac{1}{4}$

$$x = \frac{1}{4} ÷ \frac{□}{□} = \frac{1×\overset{1}{2}}{\underset{2}{4}×3} = \boxed{}$$

答え（　　　　　　　　）

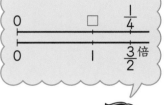
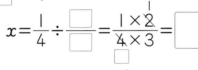

2 □にあてはまる数を求めましょう。

❶ □ cm の $\frac{4}{5}$ は 36 cm です。

❷ □ mL の $\frac{9}{7}$ は 126 mL です。

❸ □ 円 の $\frac{7}{12}$ は 1750 円です。

❹ □ kg の $\frac{5}{8}$ は $\frac{3}{4}$ kg です。

分数のわり算は, かけ算になおしてから約分するよ。

❺ □ m² の $\frac{21}{10}$ は $\frac{14}{15}$ m² です。

ポイント もとにする量を求めるときは, もとにする量＝比べられる量÷割合を使います。
x を使って, かけ算の式に表してから求めてもよいでしょう。

まとめのテスト

時間 **20** 分

答え **8ページ**

得点

／100点

1 よく出る □にあてはまる数を求めましょう。 1つ8〔32点〕

① $\dfrac{5}{6}$ は $\dfrac{2}{9}$ の □ 倍です。

② $\dfrac{2}{3}$ m は $\dfrac{1}{6}$ m の □ 倍です。

③ $\dfrac{6}{7}$ m² は $\dfrac{9}{14}$ m² の □ 倍です。

④ $\dfrac{9}{10}$ kg は $\dfrac{15}{8}$ kg の □ 倍です。

2 よく出る □にあてはまる数を求めましょう。 1つ8〔32点〕

① 64g の $\dfrac{7}{4}$ 倍は □ g です。

② 2000円の $\dfrac{3}{8}$ 倍は □ 円です。

③ $\dfrac{5}{6}$ L の $\dfrac{9}{10}$ は □ L です。

④ $\dfrac{10}{21}$ km の $\dfrac{9}{8}$ は □ km です。

3 □にあてはまる数を求めましょう。 1つ9〔36点〕

① □ の $\dfrac{4}{3}$ は $\dfrac{2}{5}$ です。

② □ mL の $\dfrac{7}{15}$ は 350mL です。

③ □ a の $\dfrac{6}{7}$ は $1\dfrac{2}{7}$ a です。

④ □ m³ の $1\dfrac{7}{8}$ は $2\dfrac{1}{12}$ m³ です。

チェック☑ □5年で学習した割合について，思い出せたかな？
□分数をふくむ割合の計算はできたかな？

9 時間，速さと分数

① 時間と分数
基本のワーク

答え 8ページ

☆ 次の問題に答えましょう。
- ❶ $\frac{4}{5}$ 時間は何分ですか。
- ❷ 72秒は何分ですか。

とき方 ❶ 1時間＝ [　] 分だから，[　] × $\frac{4}{5}$ ＝ [　]　　**答え** [　] 分

❷ 1分＝ [　] 秒だから，72÷ [　] ＝$\frac{72}{60}$＝ [　]
₅

🐶 **たいせつ**
1時間＝60分，1分＝60秒

答え [　] 分

① [　] にあてはまる数を書きましょう。

❶ $\frac{1}{6}$ 時間を分で表すと，[　] × $\frac{1}{6}$ ＝ [　] より，[　] 分です。

❷ 28分を時間で表すと，28÷ [　] ＝$\frac{28}{60}$＝ [　] より，[　] 時間です。

❸ 80秒を分で表すと，80÷ [　] ＝$\frac{80}{60}$＝ [　] より，[　] 分です。

② [　] にあてはまる数を書きましょう。

❶ $\frac{2}{3}$ 時間＝ [　] 分

❷ $1\frac{4}{5}$ 時間＝ [　] 分

❸ $1\frac{3}{4}$ 分＝ [　] 秒

❹ $\frac{17}{12}$ 分＝ [　] 秒

❺ 16分＝$\frac{4}{\boxed{　}}$ 時間

❻ 150分＝$\boxed{　}\frac{1}{\boxed{　}}$ 時間

❼ 72秒＝$1\frac{1}{\boxed{　}}$ 分

❽ 400秒＝$\boxed{　}\frac{2}{\boxed{　}}$ 分

ポイント 1時間＝60分より1分＝$\frac{1}{60}$ 時間，1分＝60秒より1秒＝$\frac{1}{60}$ 分です。

② 速さと分数 (1)

基本のワーク

答え 8ページ

☆ 次の速さ, 道のり, 時間を, 〔 〕の中の単位で求めましょう。

① 2km を 25 分で歩く人の時速〔km〕

② 時速 85km の急行列車が 16 分間に進む道のり〔km〕

③ 分速 200m で走る自転車が 4km 進むのにかかる時間〔時間〕

とき方 ① 25 分 = $\dfrac{5}{\boxed{}}$ 時間なので, $2 \div \dfrac{5}{\boxed{}} = 2 \times \dfrac{12}{5} = \boxed{}$　**答え** 時速 $\boxed{}$ km

② 16 分 = $\dfrac{4}{\boxed{}}$ 時間なので, $85 \times \dfrac{4}{\boxed{}} = \boxed{}$　**答え** $\boxed{}$ km

たいせつ
速さ = 道のり ÷ 時間
道のり = 速さ × 時間
時間 = 道のり ÷ 速さ

③ 4km = 4000m なので, $4000 \div \boxed{} = \boxed{}$

20 分 = $\boxed{}$ 時間　**答え** $\boxed{}$ 時間

---

1 次の速さ, 道のり, 時間を, 〔 〕の中の単位で求めましょう。

① 4km を 55 分で歩いた人の時速〔km〕

（　　　　　　）

② $\dfrac{4}{5}$ 時間に 10km 流れる川の分速〔km〕

（　　　　　　）

③ 1 分間に 350m 進む魚が 28 秒間に進む道のり〔m〕

（　　　　　　）

④ 時速 80km で走る自動車が 50 分間に進む道のり〔km〕

（　　　　　　）

⑤ 分速 1500m で走る列車が 60km 進むのにかかる時間〔時間〕

（　　　　　　）

⑥ 時速 42km で走るトラックが 35km 進むのにかかる時間〔分〕

（　　　　　　）

⑦ 分速 15km の飛行機が 10km 飛ぶのにかかる時間〔秒〕

（　　　　　　）

ポイント 速さや時間が分数で表されるときも, 速さ = 道のり ÷ 時間, 道のり = 速さ × 時間,
時間 = 道のり ÷ 速さ　の関係は成り立ちます。

③ 速さと分数 (2)
基本のワーク

答え 9ページ

☆ 次の問題に答えましょう。
　❶　1650 m を 5 分で走るランナーが 770 m 走ると，何分何秒かかりますか。
　❷　分速 72 m で歩く人が 5 分 45 秒で進む道のりは何 m ですか。

とき方　❶　このランナーの分速を求めると，1650÷□＝□

　かかる時間は，770÷□＝$\frac{770}{330}$＝$\frac{7}{3}$＝□$\frac{1}{3}$

　$\frac{1}{3}$ 分＝□ 秒　　　　　　　　　　　　　答え □ 分 □ 秒

❷　45 秒＝$\frac{3}{4}$ 分となるから，5 分 45 秒は 5$\frac{3}{□}$ 分と表すことができます。

　だから，5 分 45 秒で進む道のりは，72×5$\frac{3}{□}$＝72×$\frac{23}{4}$＝□　答え □ m

1 次の問題に答えましょう。

❶　54 km を 1 時間 12 分で走る自動車の時速を求めましょう。

（　　　　　　　）

❷　1400 m を 2 分 55 秒で走るオートバイの分速を求めましょう。

（　　　　　　　）

❸　分速 65 m で歩く人が $\frac{2}{3}$ 時間に進む道のりは何 km ですか。

（　　　　　　　）

❹　時速 70 km の電車が 1 時間 18 分に進む道のりは何 km ですか。

（　　　　　　　）

❺　500 m を $\frac{1}{3}$ 分で走るチーターが 2100 m 走ると，何分何秒かかりますか。

（　　　　　　　）

❻　2.5 時間に 90 km 進むフェリーが 57 km 進むと，何時間何分かかりますか。

（　　　　　　　）

ポイント　速さ，道のり，時間を求める問題では，まず単位をそろえてから計算します。

まとめのテスト

答え 9ページ

時間 **20** 分

得点 　　/100点

1 □にあてはまる数を書きましょう。　　　　　　1つ7〔42点〕

❶ $\frac{4}{3}$ 時間＝□ 分

❷ $\frac{5}{12}$ 分＝□ 秒

❸ 4分＝$\frac{1}{□}$ 時間

❹ $\frac{9}{4}$ 時間＝□ 時間 □ 分

❺ 57秒＝$\frac{□}{20}$ 分

❻ $3\frac{2}{5}$ 分＝□ 分 □ 秒

2 よく出る 次の速さ，道のり，時間を，〔　〕の中の単位で求めましょう。　1つ7〔42点〕

❶ 1時間15分で30km進む自転車の時速〔km〕

（　　　　　　）

❷ $\frac{1}{4}$ 時間に60kmを飛ぶ鳥の分速〔km〕

（　　　　　　）

❸ 分速90mで歩く人が $\frac{5}{12}$ 時間に進む道のり〔m〕

（　　　　　　）

❹ 100kmを $1\frac{1}{3}$ 時間で走る自動車が $\frac{7}{15}$ 時間に進む道のり〔km〕

（　　　　　　）

❺ 時速21kmで走る自転車が14km進むのにかかる時間〔分〕

（　　　　　　）

❻ 分速120mで泳ぐ人が50m泳ぐのにかかる時間〔秒〕

（　　　　　　）

3 次の問題に答えましょう。　　　　　　1つ8〔16点〕

❶ 時速120kmで走る特急列車が200km進むのに，何時間何分かかりますか。

（　　　　　　）

❷ 13kmを3時間15分で歩く人が10km歩くと，何時間何分かかりますか。

（　　　　　　）

□5年で学習した速さについて，思い出せたかな？
□分数をふくむ速さの計算はできたかな？

① 円の面積
基本のワーク

答え 9ページ

やってみよう

☆ 次の図形の面積を求めましょう。　　（この本では，円周率は 3.14 とします。）

❶ 　　3cm

❷ 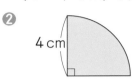　　4cm

とき方 円の面積＝半径×半径×円周率（3.14）

❶ □×□×3.14＝□　　答え □cm²

❷ 半径 4cm の円の面積は，□×□×3.14＝□

求める面積は，円全体の $\frac{1}{4}$ だから，

□÷4＝□　　答え □cm²

1 次の円の面積を求めましょう。

❶ 半径 1cm の円　　❷ 半径 5cm の円　　❸ 直径 5cm の円

（　　　　　）　　（　　　　　）　　（　　　　　）

❹ 直径 22cm の円　　❺ 半径 2m の円　　❻ 半径 10m の円

（　　　　　）　　（　　　　　）　　（　　　　　）

2 次の図形の面積を求めましょう。

❶ 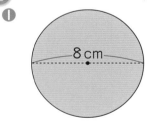　　8cm

❷ 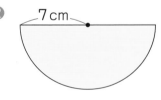　　7cm

❸ 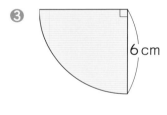　　6cm

（　　　　　）　　（　　　　　）　　（　　　　　）

3 次の図形の面積とまわりの長さを求めましょう。

❶ 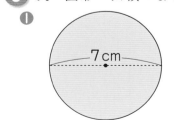　　7cm

❷ 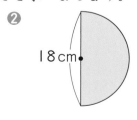　　18cm

❸ 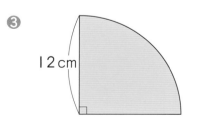　　12cm

面積（　　　　　）　　面積（　　　　　）　　面積（　　　　　）
長さ（　　　　　）　　長さ（　　　　　）　　長さ（　　　　　）

ポイント 円の面積＝半径×半径×3.14　をしっかり覚えましょう。
円を 2 等分や 4 等分した図形の面積は，円の面積を 2 や 4 でわって求められます。

② 円のいろいろな面積
基本のワーク

答え 9ページ

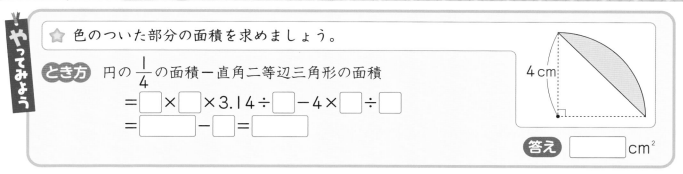

☆ 色のついた部分の面積を求めましょう。

とき方 円の $\frac{1}{4}$ の面積－直角二等辺三角形の面積

$= \square \times \square \times 3.14 \div \square - 4 \times \square \div \square$

$= \boxed{} - \boxed{} = \boxed{}$

4cm

答え $\boxed{}$ cm²

1 色のついた部分の面積を求めましょう。

❶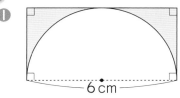

6 cm

(   )

❷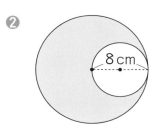

8 cm

(   )

❸

15 cm 20 cm

(   )

❹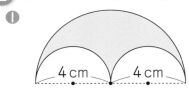

4 cm
4 cm

(   )

2 色のついた部分の面積とまわりの長さを求めましょう。

❶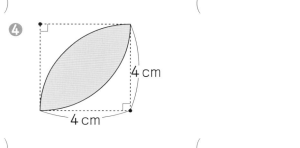

4 cm   4 cm

面積 (   )
長さ (   )

❷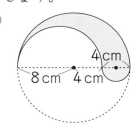

4 cm
8 cm 4 cm

面積 (   )
長さ (   )

❸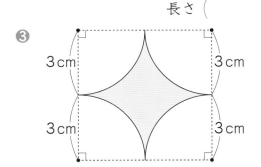

3 cm   3 cm
3 cm   3 cm

面積 (   )   長さ (   )

ポイント 四角形，三角形，円などの形の組み合わせを考えると，いろいろな部分の面積を求めることができます。

まとめのテスト①

時間 **20**分

答え **10ページ**

得点 /100点

1 よく出る 次の円の面積を求めましょう。 1つ7〔14点〕

① 半径4cmの円

② 直径18mの円

(　　　　　)　　　　　(　　　　　)

2 次の図形の面積とまわりの長さを求めましょう。 1つ8〔32点〕

①

8cm

②

6cm

面積 (　　　　　)　　　　　面積 (　　　　　)

長さ (　　　　　)　　　　　長さ (　　　　　)

3 色のついた部分の面積を求めましょう。 1つ7〔14点〕

①

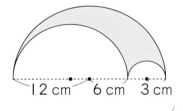
12cm　6cm　3cm

②

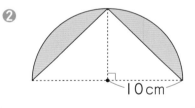
10cm

(　　　　　)　　　　　(　　　　　)

4 色のついた部分の面積とまわりの長さを求めましょう。 1つ8〔32点〕

①

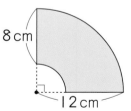
8cm
12cm

②

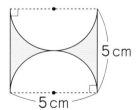
5cm
5cm

面積 (　　　　　)　　　　　面積 (　　　　　)

長さ (　　　　　)　　　　　長さ (　　　　　)

5 円周の長さが31.4cmの円の面積を求めましょう。 〔8点〕

(　　　　　)

チェック ✓

□ 円の面積は求められたかな？
□ 5年で学習した円周の長さの求め方は思い出せたかな？

まとめのテスト❷

時間 **20**分

答え 10ページ

1 よく出る 次の円の面積を求めましょう。　　　　　　　　　　　　　1つ7〔14点〕

❶　半径5mの円　　　　　　　　　　　❷　直径14cmの円

（　　　　　　　　　）　　　　　　　　　　（　　　　　　　　　）

2 次の図形の面積とまわりの長さを求めましょう。　　　　　　　　1つ8〔32点〕

❶
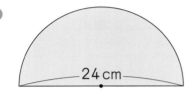
24cm

❷
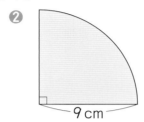
9cm

面積（　　　　　　　　　）　　　　　　　　　面積（　　　　　　　　　）

長さ（　　　　　　　　　）　　　　　　　　　長さ（　　　　　　　　　）

3 色のついた部分の面積を求めましょう。　　　　　　　　　　　　1つ7〔14点〕

❶
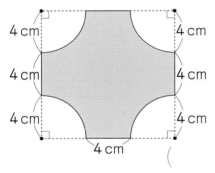
4cm 4cm 4cm 4cm 4cm 4cm 4cm 4cm 4cm

❷
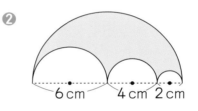
6cm　4cm 2cm

（　　　　　　　　　）　　　　　　　　　　（　　　　　　　　　）

4 色のついた部分の面積とまわりの長さを求めましょう。　　　　　1つ8〔32点〕

❶
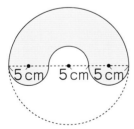
5cm 5cm 5cm

❷
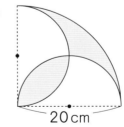
20cm

面積（　　　　　　　　　）　　　　　　　　　面積（　　　　　　　　　）

長さ（　　　　　　　　　）　　　　　　　　　長さ（　　　　　　　　　）

5 円周の長さが100.48cmの円の面積を求めましょう。　　　　　〔8点〕

（　　　　　　　　　）

チェック✔　□円を等しく分けた図形の面積やまわりの長さは求められたかな？
　　　　　　　□いろいろな形の組み合わせを考えることができたかな？

① 比と比の値
基本のワーク

答え 10ページ

やってみよう

☆ 次の割合を比で表しましょう。また，その比の値を求めましょう。
中学生 27 人と小学生 30 人の割合

とき方 3 と 4 の割合を，「:」の記号を使って，3:4 と表すことがあります。

3:4 は「三対四」と読みます。このように表された割合を □ といいます。

$a:b$ で表された比の，$a \div b$ の商を，[　　　] といいます。

27 人と 30 人の比… □ : □

比の値…$27 \div 30 = \dfrac{\square}{\square}$ (0.9)

たいせつ
a と b の割合を比で表すと，$a:b$

答え 比… □ : □ ，比の値… $\dfrac{\square}{\square}$

① 次の割合を比で表しましょう。

❶ バター30 g とマーガリン 70 g の割合

❷ 雑誌 540 円と本 1400 円の割合

(　　　　　)　　　　　　(　　　　　)

❸ 油 0.7 L としょう油 2.5 L の割合

❹ パイプ $\dfrac{2}{5}$ m と棒 $\dfrac{3}{7}$ m の割合

(　　　　　)　　　　　　(　　　　　)

❺ リボン 1.5 m とテープ 2 m の割合

❻ 水 $\dfrac{3}{4}$ L と油 $\dfrac{1}{2}$ L の割合

(　　　　　)　　　　　　(　　　　　)

② 次の比の値を求めましょう。

❶ 6:7

❷ 8:4

(　　　　　)　　　(　　　　　)

❸ 16:24

❹ 0.4:3

(　　　　　)　　　(　　　　　)

❺ 0.75:1

❻ $\dfrac{2}{3}:\dfrac{1}{4}$

(　　　　　)　　　(　　　　　)

$a:b$ の比の値は，b を 1 とみたとき，a がどれだけにあたるかを表してるよ。

③ ある畑の 7.2 m² の部分には花が，残りの 4.8 m² の部分には野菜が植えられています。次の割合を比で表し，その比の値を求めましょう。

❶ 花の部分と野菜の部分の面積の比

❷ 花の部分と畑全体の面積の比

比 (　　　)　比の値 (　　　)　　比 (　　　)　比の値 (　　　)

ポイント 2 つの量□と○の割合の関係を，□:○のように「比」で表すことができます。a と b の比は $a:b$ で表されます。また，$a:b$ の比の値は $a \div b$ の商です。

② 等しい比
基本のワーク

答え 10ページ

☆ 4：10 と等しい比を見つけましょう。
　❶　6：14　　　❷　2：5　　　❸　12：30

とき方 2 つの比で，それぞれの比の値が等しいとき，それらの「比は等しい」といい，等号を使って，$a：b＝c：d$ のように表します。

《1》 それぞれの比の値は，4：10…4÷10＝$\dfrac{2}{5}$，

❶…6÷□＝$\dfrac{3}{□}$，　❷…□÷5＝$\dfrac{□}{5}$，　❸…□÷□＝$\dfrac{□}{□}$

《2》 $a：b$ で，$\begin{cases} a と b に同じ数をかけても，比はみな等しくなります。 \\ a と b を同じ数でわっても，比はみな等しくなります。 \end{cases}$

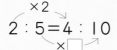 

$$\overset{×2}{2：5}＝4：10$$
$$\underset{×□}{}$$

$$\overset{÷□}{12：30}＝4：10$$
$$\underset{÷3}{}$$

答え 　　　　　　　　　

❶ 4：3 と等しい比を見つけましょう。
　❶　7：6　　　❷　0.4：0.3　　❸　6：8　　　❹　$\dfrac{1}{4}：\dfrac{1}{3}$　　　❺　32：24

（　　　　　　　）

❷ 8：12 と等しい比を見つけましょう。
　❶　4：5　　　❷　2：3　　　❸　32：36　　　❹　12：20　　　❺　48：72

（　　　　　　　）

❸ 次の 2 つの比で，等しい比になっているものはどれですか。
　❶　9：15 と 3：9　　　　❷　40：8 と 20：4　　　❸　1.5：1 と 3：2
　❹　$\dfrac{1}{2}：\dfrac{1}{8}$ と 4：1　　　❺　$\dfrac{8}{3}：1\dfrac{1}{6}$ と 8：7　　　❻　$\dfrac{9}{4}：2$ と 1.5：1

（　　　　　　　）

❹ 等しい比を見つけ，等号を使って式に表しましょう。
　　8：9　　12：9　　18：12　　20：15　　24：27　　27：18

（　　　　　　　）（　　　　　　　）（　　　　　　　）

 $a：b$ の比の値（$a÷b$）と $c：d$ の比の値（$c÷d$）が等しいとき，$a：b＝c：d$ と表します。

③ 比を簡単にする
基本のワーク

答え 11ページ

☆ 次の比を簡単にしましょう。
① 12：30
② 1.5：0.6
③ $\dfrac{3}{4}：\dfrac{7}{6}$

とき方 比を，それと等しい比で，できるだけ小さい整数の比になおすことを，「比を簡単にする」といいます。

① 12：30＝(12÷☐)：(30÷☐)＝2：☐　　答え ☐：☐

② 1.5：0.6＝(1.5×10)：(0.6×10)＝15：6＝☐：☐　　答え ☐：☐

③ $\dfrac{3}{4}：\dfrac{7}{6}＝\left(\dfrac{3}{4}×12\right)：\left(\dfrac{7}{6}×☐\right)＝☐：☐$　　答え ☐：☐

たいせつ
小数や分数の比は，まず整数の比になおします。

---

❶ 次の比を簡単にしましょう。
① 15：25　（　）
② 18：21　（　）
③ 17：68　（　）
④ 20：36　（　）

⑤ 0.8：2.7　（　）
⑥ 0.15：0.9　（　）
⑦ 7：9.8　（　）

⑧ $\dfrac{2}{3}：\dfrac{7}{10}$　（　）
⑨ $\dfrac{3}{4}：\dfrac{5}{8}$　（　）
⑩ $1\dfrac{3}{5}：\dfrac{6}{7}$　（　）

❷ 次の比を簡単にしましょう。
① 24：52　（　）
② 42：78　（　）
③ 48：54　（　）
④ 450：1080　（　）

⑤ 6.3：1.4　（　）
⑥ 9：1.8　（　）
⑦ 9.1：6.5　（　）

⑧ $\dfrac{5}{6}：\dfrac{4}{9}$　（　）
⑨ $\dfrac{8}{3}：6$　（　）
⑩ $1.5：\dfrac{8}{9}$　（　）

❸ 同じきょりを，歩いてかかる時間3分と走ってかかる時間75秒の比を，簡単な整数の比で表しましょう。
（　）

 **ポイント** 小数や分数の比は，まず整数の比になおしてから，さらにできるだけ小さい整数の比になおせるかどうかを考えます。

④ 比の一方の数量 (1)
基本のワーク

答え 11ページ

☆ 次の式で，x の表す数を求めましょう。

❶　$4:5=20:x$ 　　　　　　❷　$6:x=4:6$

とき方 ❶　《1》 $4:5=1:\dfrac{5}{4}$ なので，20 を1とみると，x は $\dfrac{5}{4}$ にあたります。

だから，$x=20\times\dfrac{\square}{\square}=\boxed{}$

《2》 $4\times5=20$ なので，$x=5\times\square=\boxed{}$

$4:5=20:x$ （×5, ×5）

答え $\boxed{}$

❷　《1》 $4:6=2:3=1:\dfrac{3}{2}$ なので，6 を1とみると，x は $\dfrac{3}{2}$ にあたります。

だから，$x=6\times\dfrac{\square}{\square}=\square$

《2》 $4\times\square=6$ なので，$x=6\times\square=\square$

$6:x=4:6$ （$\times\dfrac{3}{2}$, $\times\dfrac{3}{2}$）

たいせつ

等しい比の性質を使って，x の表す数を求めます。

答え $\square$

1 次の式で，x の表す数を求めましょう。

❶　$2:3=x:21$ 　　　　　　❷　$16:12=4:x$

（　　　　　　）　　　　　　　　（　　　　　　）

❸　$40:x=8:5$ 　　　　　　❹　$x:56=3:7$

（　　　　　　）　　　　　　　　（　　　　　　）

2 次の式で，x の表す数を求めましょう。

❶　$x:6=30:18$ 　　　　　　❷　$24:x=6:8$

（　　　　　　）　　　　　　　　（　　　　　　）

❸　$6:21=4:x$ 　　　　　　❹　$16:18=x:27$

（　　　　　　）　　　　　　　　（　　　　　　）

ポイント　等しい比の性質を使ったり，一方の比を簡単にしたりすると，2つの比の関係がわかりやすくなります。

⑤ 比の一方の数量 (2)
基本のワーク

答え **11ページ**

☆ 次の式で, x（エックス）の表す数を求めましょう。

❶　$4 : 2.4 = 10 : x$

❷　$\dfrac{1}{4} : \dfrac{2}{3} = x : 16$

とき方 ❶ 《1》 $4 : 2.4 = 40 : 24 = 5 : 3 = 1 : \dfrac{3}{5}$ なので, 10 を 1 とみると, x は

$\dfrac{3}{5}$ にあたります。だから, $x = 10 \times \boxed{} = \boxed{}$

《2》 $4 : 2.4 = 5 : 3$ なので, $5 : 3 = 10 : x$

$5 \times 2 = 10$ なので, $x = 3 \times \boxed{} = \boxed{}$

$\overset{\times 2}{5 : 3} = 10 : x$
$\underset{\times 2}{}$

答え $\boxed{}$

❷ 《1》 $\dfrac{1}{4} : \dfrac{2}{3} = 3 : 8 = \dfrac{3}{8} : 1$ なので, 16 を 1 とみると, x は $\dfrac{3}{8}$ にあたります。

だから, $x = 16 \times \boxed{} = \boxed{}$

たいせつ

小数や分数がふくまれる比では, まず比を簡単にします。

《2》 $\dfrac{1}{4} : \dfrac{2}{3} = 3 : 8$ なので, $3 : 8 = x : 16$

$8 \times 2 = 16$ なので, $x = 3 \times \boxed{} = \boxed{}$

$\overset{\times 2}{3 : 8} = x : 16$
$\underset{\times 2}{}$

答え $\boxed{}$

---

1 次の式で, x の表す数を求めましょう。

❶　$2.4 : 4 = 3 : x$

❷　$2 : 0.4 = x : 2$

(　　　　　)　　　　　　　　(　　　　　)

❸　$6 : x = 1.6 : 2.4$

❹　$x : 1.5 = 0.8 : 2$

(　　　　　)　　　　　　　　(　　　　　)

2 次の式で, x の表す数を求めましょう。

❶　$x : 6 = \dfrac{1}{4} : \dfrac{1}{6}$

❷　$\dfrac{4}{5} : 0.6 = x : 9$

❸　$3 : x = \dfrac{1}{5} : 0.2$

(　　　　　)　　　　(　　　　　)　　　　(　　　　　)

ポイント　比に小数や分数がふくまれるときは, まず比を簡単にします。

まとめのテスト

1 次の割合を比で表しましょう。　　　　　　　　　　　　　　　　　　　　　1つ4〔8点〕

❶ 70個のあめを兄と弟で分けるとき，弟が27個とったときの，兄と弟の個数の比

（　　　　　　　　　）

❷ 昼休みの時間1時間と1回の授業時間45分の比

（　　　　　　　　　）

2 よく出る 次の比の値を求めましょう。　　　　　　　　　　　　　　　　　1つ4〔24点〕

❶ 5 : 8　　　　　　　　❷ 9 : 3　　　　　　　　❸ 12 : 18

（　　　　　　　）　　　（　　　　　　　）　　　（　　　　　　　）

❹ 0.5 : 3　　　　　　　❺ 0.45 : 0.7　　　　　❻ $\dfrac{3}{4}$: $\dfrac{5}{6}$

（　　　　　　　）　　　（　　　　　　　）　　　（　　　　　　　）

3 12 : 16と等しい比を見つけましょう。　　　　　　　　　　　　　　　　　　　　〔8点〕

❶ 3 : 5　　　❷ 4 : 6　　　❸ 3 : 4　　　❹ 9 : 12　　　❺ 10 : 14

（　　　　　　　　　）

4 よく出る 次の比を簡単にしましょう。　　　　　　　　　　　　　　　　　1つ4〔24点〕

❶ 18 : 30　　　　　　　❷ 48 : 84　　　　　　　❸ 1.6 : 0.6

（　　　　　　　）　　　（　　　　　　　）　　　（　　　　　　　）

❹ 3.2 : 8　　　　　　　❺ $\dfrac{5}{9}$: $\dfrac{7}{15}$　　　　　　❻ $\dfrac{5}{6}$: 0.8

（　　　　　　　）　　　（　　　　　　　）　　　（　　　　　　　）

5 よく出る 次の式で，x の表す数を求めましょう。　　　　　　　　　　　1つ6〔36点〕

❶ 24 : 42 = x : 7　　　　　　　　　❷ 54 : x = 18 : 10

（　　　　　　　）　　　　　　　　　（　　　　　　　）

❸ 32 : 12 = x : 9　　　　　　　　　❹ 1.6 : 2 = 8 : x

（　　　　　　　）　　　　　　　　　（　　　　　　　）

❺ $\dfrac{1}{6}$: $\dfrac{4}{9}$ = 3 : x　　　　　　　　　❻ $\dfrac{3}{5}$: 0.7 = x : 14

（　　　　　　　）　　　　　　　　　（　　　　　　　）

チェック ✓
□ 比の意味や表し方を理解できたかな？
□ 比の値を求めたり，等しい比の性質を使ったりすることはできたかな？

① 拡大図と縮図
基本のワーク

答え 11ページ

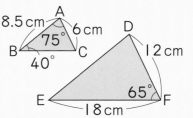

★ 右の三角形 DEF は，三角形 ABC の拡大図です。

❶　三角形 DEF は，三角形 ABC の何倍の拡大図ですか。

❷　辺 DE の長さは何 cm ですか。

❸　角 E の大きさは何度ですか。

とき方　対応する角の大きさがそれぞれ等しく，対応する辺の長さの比が等しくなるように もとの図を大きくした図を拡大図といいます。また，小さくした図を □ といいます。

❶　対応する辺AC と辺DF の長さから，12÷□=□　　答え □ 倍

❷　辺 DE の長さは，対応する辺 □ の長さの 2 倍になるから，

　　□×2=□　　答え □ cm

❸　角 E の大きさは，対応する角 □ の大きさに等しくなります。　答え □ °

---

1 右の四角形EFGH は，四角形DCBA の $\frac{1}{2}$ の縮図です。 次の辺の長さと角の大きさを，それぞれ求めましょう。

❶　辺EH の長さ　　　　❷　辺FG の長さ

（　　　　　　）（　　　　　　）

❸　角E の大きさ　　　　❹　角G の大きさ　　　　❺　辺AB の長さ

（　　　　　）（　　　　　）（　　　　　）

❻　辺CD の長さ　　　　❼　角A の大きさ　　　　❽　角C の大きさ

（　　　　　）（　　　　　）（　　　　　）

---

2 右の三角形DBE は三角形ABC の拡大図，三角形FBG は三 角形ABC の縮図です。次の辺の長さをそれぞれ求めましょう。

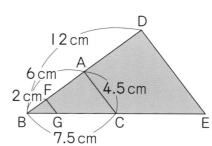

❶　辺BE の長さ　　　　❷　辺BG の長さ

（　　　　　）（　　　　　）

❸　辺DE の長さ　　　　❹　辺FG の長さ

（　　　　　）（　　　　　）

ポイント　拡大図と縮図は，もとの図形と形は同じで，対応する辺の長さをすべて同じ割合に拡大， 縮小した図形です。

② 縮図の利用
基本のワーク

答え 11ページ

☆ 次の長さを，〔 〕の中の単位で求めましょう。

❶ 縮尺 $\dfrac{1}{2000}$ の縮図の上で 5 cm の長さの，実際の長さ〔m〕

❷ 実際の長さ 2 km の，縮尺 1：25000 の縮図の上での長さ〔cm〕

とき方 実際の長さを縮めた割合のことを，縮尺といいます。縮尺には，右のような表し方があります。

⑦ $\dfrac{1}{2000}$　　　④ 1：2000　　　⑨ 0 10 20 30 m

❶ 求める実際の長さは 5 cm の 2000 倍になるから，5×2000＝10000

1 m＝□cm だから，10000÷□＝□　　　答え □ m

❷ 求める縮図の上での長さは，2 km の $\dfrac{1}{25000}$ になります。

1 km＝□m，1 m＝100 cm だから，1 km は，□cm

このことから，2 km は，□cm

200000×$\dfrac{1}{□}$＝□　　　答え □ cm

❶ 次の縮図の縮尺を，分数と比の形でそれぞれ表しましょう。

❶ 実際の長さ 500 m を 4 cm に縮めて表した縮図

分数（　　　　　）　比（　　　　　）

❷ 実際の長さ 6 km を 12 cm に縮めて表した縮図

分数（　　　　　）　比（　　　　　）

（実際の長さ）÷（縮図の上での長さ）を計算してみよう。

❷ 次の長さを，〔 〕の中の単位で求めましょう。

❶ 縮尺 1：5000 の縮図の上で 4 cm の長さの，実際の長さ〔m〕

❷ 縮尺 $\dfrac{1}{15000}$ の縮図の上で 14 cm の長さの，実際の長さ〔km〕

（　　　　　　　　　）　　　　（　　　　　　　　　）

❸ 次の長さを，〔 〕の中の単位で求めましょう。

❶ 実際の長さ 300 m の，縮尺 $\dfrac{1}{2500}$ の縮図の上での長さ〔cm〕

❷ 実際の長さ 4.6 km の，縮尺 1：50000 の縮図の上での長さ〔cm〕

（　　　　　　　　　）　　　　（　　　　　　　　　）

ポイント 実際の長さ÷縮図の上での長さ＝a のとき，縮尺は，$\dfrac{1}{a}$，1：a と表されます。

まとめのテスト❶

時間 **20** 分

答え 11ページ

得点 /100点

1 よく出る 次の四角形EFGHは，四角形ABCDの拡大図です。 　1つ8〔56点〕

❶ 四角形EFGHは，四角形ABCDの何倍
の拡大図ですか。

（　　　　　　　　　）

❷ 四角形ABCDは，四角形EFGHの何分
の一の縮図ですか。

（　　　　　　　　　）

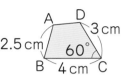

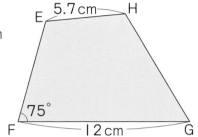

❸ 辺EFの長さは何cmですか。

（　　　　　　　　　）

❹ 辺ADの長さは何cmですか。

（　　　　　　　　　）

❺ 辺HGの長さは何cmですか。

（　　　　　　　　　）

❻ 角Bの大きさは何度ですか。

（　　　　　　　　　）

❼ 角Gの大きさは何度ですか。

（　　　　　　　　　）

2 実際の長さ3kmを12cmに縮めて表した縮図の縮尺を，分数と比の形でそれぞれ表しましょう。 　1つ8〔16点〕

分数（　　　　　　　　　）　比（　　　　　　　　　）

3 次の長さを，〔　〕の中の単位で求めましょう。 　1つ7〔14点〕

❶ 縮尺 $\frac{1}{4000}$ の縮図の上で9cmの長さ
の，実際の長さ〔m〕

❷ 縮尺 1：25000 の縮図の上で8.8cm
の長さの，実際の長さ〔km〕

（　　　　　　　　　）　　　　　　　　　（　　　　　　　　　）

4 次の長さを，〔　〕の中の単位で求めましょう。 　1つ7〔14点〕

❶ 実際の長さ2kmの，縮尺1：50000
の縮図の上での長さ〔cm〕

❷ 実際の長さ13kmの，縮尺 $\frac{1}{250000}$
の縮図の上での長さ〔cm〕

（　　　　　　　　　）　　　　　　　　　（　　　　　　　　　）

チェック ✓ □ 拡大図や縮図において，対応する辺の長さの関係は理解できたかな？
□ 縮図の縮尺を，分数や比の形で表せたかな？

まとめのテスト❷

答え 11ページ

時間 20分

得点
／100点

1 よく出る 次の三角形DEC は，三角形ABC の縮図です。 1つ8〔24点〕

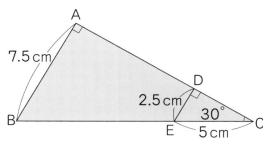

❶ 三角形DEC は，三角形ABC の何分の
一の縮図ですか。

（　　　　　　　）

❷ 直線BE の長さは何cm ですか。

（　　　　　　　）

❸ 角B の大きさは何度ですか。

（　　　　　　　）

2 次の四角形EBFG は，四角形ABCD の 2.5 倍の拡大図です。次の辺や直線の長さをそれぞ
れ求めましょう。 1つ8〔32点〕

❶ 辺EG の長さ

（　　　　　　　）

❷ 直線BG の長さ

（　　　　　　　）

❸ 辺AB の長さ

（　　　　　　　）

❹ 辺BC の長さ

（　　　　　　　）

3 次の長さを，〔 〕の中の単位で求めましょう。 1つ8〔16点〕

❶ 縮尺 1：8000 の縮図の上で 4.5cm の
長さの，実際の長さ〔m〕

（　　　　　　　）

❷ 縮尺 $\frac{1}{50000}$ の縮図の上で 5.6cm の
長さの，実際の長さ〔km〕

（　　　　　　　）

4 次の長さを，〔 〕の中の単位で求めましょう。 1つ9〔18点〕

❶ 実際の長さ 1.2km の，縮尺 $\frac{1}{25000}$ の
縮図の上での長さ〔cm〕

（　　　　　　　）

❷ 実際の長さ 7.2km の，縮尺 1：75000
の縮図の上での長さ〔cm〕

（　　　　　　　）

5 縮尺 $\frac{1}{500}$ の縮図の上で縦 1.6cm，横 2.4cm の長方形の花だんの，実際の面積は何m² で
すか。 〔10点〕

（　　　　　　　）

 チェック ✓ □ 拡大図や縮図において，対応する角の大きさの関係は理解できたかな？
□ 縮尺を使って，実際の長さや地図上の長さを求められたかな？

65

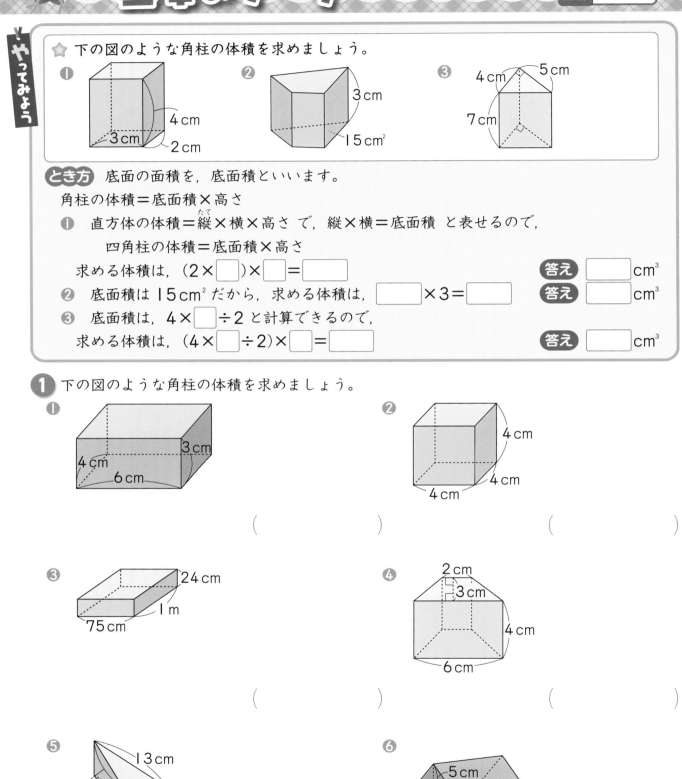

13 角柱と円柱の体積

① 角柱の体積
基本のワーク

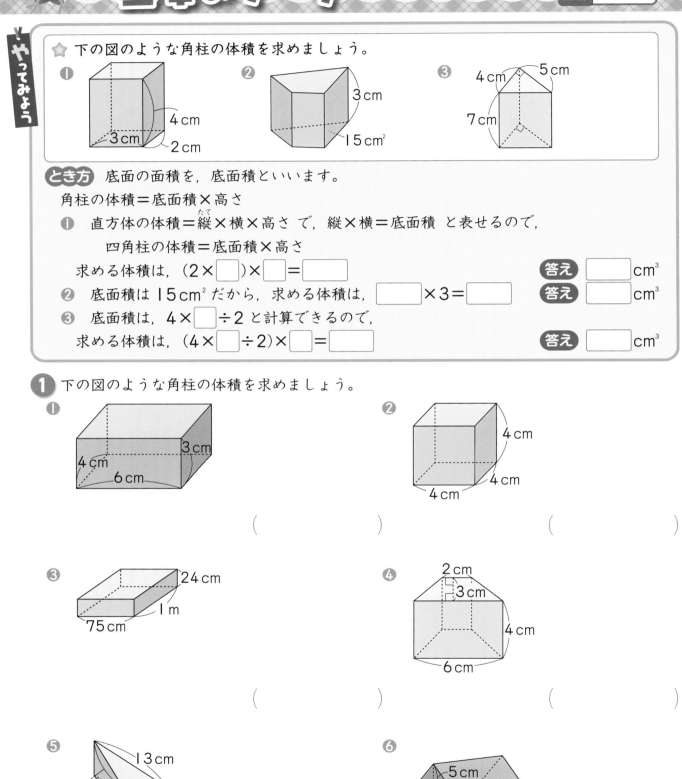

答え 12ページ

★ 下の図のような角柱の体積を求めましょう。

❶ 4cm / 3cm / 2cm

❷ 3cm / 15cm²

❸ 4cm / 5cm / 7cm

とき方 底面の面積を，底面積といいます。

角柱の体積＝底面積×高さ

❶ 直方体の体積＝縦×横×高さ で，縦×横＝底面積 と表せるので，

四角柱の体積＝底面積×高さ

求める体積は，(2×☐)×☐＝☐☐☐ 　**答え** ☐ cm³

❷ 底面積は 15cm² だから，求める体積は，☐☐×3＝☐☐ 　**答え** ☐ cm³

❸ 底面積は，4×☐÷2 と計算できるので，

求める体積は，(4×☐÷2)×☐＝☐☐ 　**答え** ☐ cm³

1 下の図のような角柱の体積を求めましょう。

❶ 4cm / 6cm / 3cm

（　　　　　　　）

❷ 4cm / 4cm / 4cm

（　　　　　　　）

❸ 24cm / 1m / 75cm

（　　　　　　　）

❹ 2cm / 3cm / 4cm / 6cm

（　　　　　　　）

❺ 13cm / 12cm / 5cm / 4cm

（　　　　　　　）

❻ 5cm / 8cm / 10cm

（　　　　　　　）

ポイント 角柱では，底面積と高さがわかると体積が計算できます。角柱の体積＝底面積×高さ です。

② 円柱の体積
基本のワーク

答え 12ページ

☆ 右の図のような円柱の体積を求めましょう。

とき方 円柱の体積＝底面積×☐

円柱の底面積は，☐×☐×3.14 と計算できるので，

求める体積は，(☐×☐×3.14)×☐＝☐

答え ☐ cm³

たいせつ
円柱の体積＝底面積×高さ

① 下の図のような円柱の体積を求めましょう。

❶ 3cm 5cm

（　　　　　　　　）

❷ 5cm 8cm

（　　　　　　　　）

❸ 12cm 15cm

（　　　　　　　　）

❹ 25cm 10cm

（　　　　　　　　）

❺ 6m 3m

（　　　　　　　　）

❻ 5m 8m

半径＝直径÷2 だったね。

（　　　　　　　　）

ポイント 円柱の体積も角柱の体積と同じように，円柱の体積＝底面積×高さ　で求めます。

③ いろいろな角柱や円柱の体積（1）
基本のワーク

答え 12ページ

★ 下の図のような立体の体積を求めましょう。

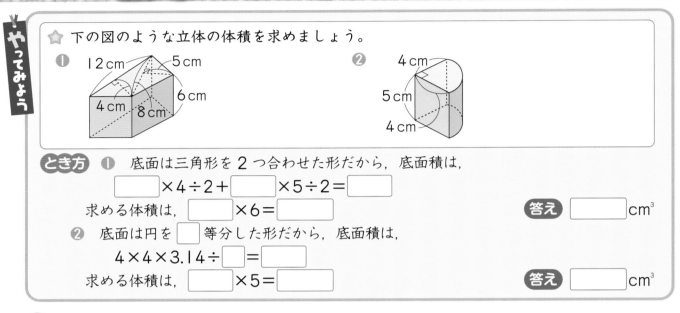

❶

❷

とき方 ❶ 底面は三角形を 2 つ合わせた形だから，底面積は，

$$\boxed{}×4÷2+\boxed{}×5÷2=\boxed{}$$

求める体積は，$\boxed{}×6=\boxed{}$ 　　答え $\boxed{}$ cm³

❷ 底面は円を $\boxed{}$ 等分した形だから，底面積は，

$$4×4×3.14÷\boxed{}=\boxed{}$$

求める体積は，$\boxed{}×5=\boxed{}$ 　　答え $\boxed{}$ cm³

1 下の図のような立体の体積を求めましょう。

❶
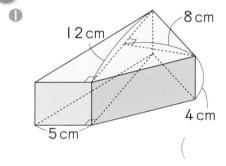
（　　　　　　）

❷
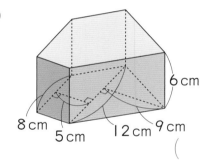
（　　　　　　）

❸
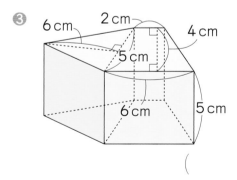
（　　　　　　）

❹

（　　　　　　）

❺
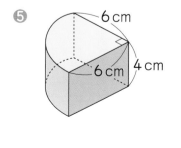
（　　　　　　）

❻
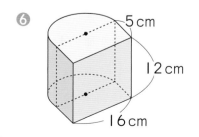
（　　　　　　）

68

④ いろいろな角柱や円柱の体積（2）

基本のワーク

答え 12ページ

☆ 下の図のような立体の体積を求めましょう。

❶ 10cm　10cm　3cm　5cm

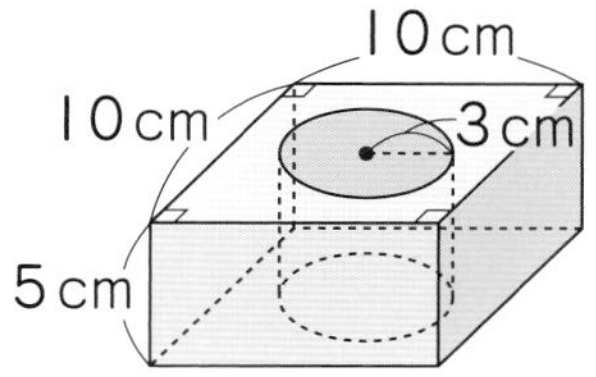

❷ 8cm　4cm　5cm　10cm　8cm

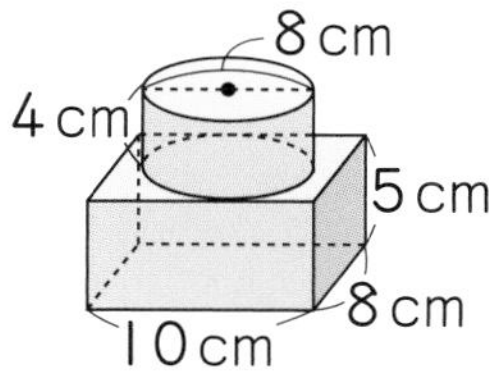

とき方 ❶ 《1》 底面が正方形から円を除（のぞ）いた形の立体と考えると，底面積は，

10×□−3×□×3.14＝□

求める体積は，□×5＝□

《2》 四角柱から円柱を除いた形の立体と考えると，求める体積は，

10×10×□−(3×3×3.14)×□＝□　**答え** □cm³

❷ 四角柱と円柱を合わせた形の立体だから，求める体積は，

8×10×□+(□×4×3.14)×4＝□　**答え** □cm³

---

1 右の図の立体は，直方体から三角柱を除いたものです。

❶ 直方体から三角柱を除いた立体とみて，この立体の体積を求めます。□にあてはまる数を書きましょう。

14×□×10−(5×□÷2)×□＝□

❷ あの面を底面として，底面積×高さの式で，この立体の体積を求めます。□にあてはまる数を書きましょう。

(10×□−5×□÷2)×14＝□

答え □cm³

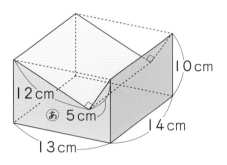

10cm　12cm　あ　5cm　14cm　13cm

2 下の図のような立体の体積を求めましょう。

❶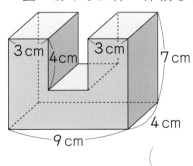

3cm　4cm　3cm　7cm　4cm　9cm

（　　　　　）

❷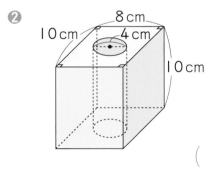

8cm　10cm　4cm　10cm

（　　　　　）

❸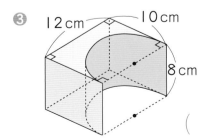

12cm　10cm　8cm

（　　　　　）

❹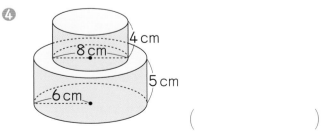

4cm　8cm　5cm　6cm

（　　　　　）

ポイント 全体を1つの立体と考えて 底面積×高さで体積を求められる場合と，いくつかの角柱や円柱に分けて体積を求める場合とがあります。

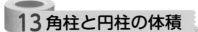

まとめのテスト①

答え 12ページ

時間 20分

得点 /100点

1 よく出る 下の図のような角柱の体積を求めましょう。　　　1つ12〔24点〕

①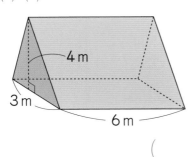

4 m
3 m
6 m

(　　　　　　　)

②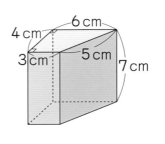

6 cm
4 cm
3 cm
5 cm
7 cm

(　　　　　　　)

2 よく出る 下の図のような円柱の体積を求めましょう。　　　1つ12〔24点〕

①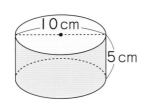

10 cm
5 cm

(　　　　　　　)

②

12 cm
3 cm

(　　　　　　　)

3 次の図は角柱や円柱の展開図です。この展開図を組み立てたときにできる角柱や円柱の体積を求めましょう。　　　1つ13〔26点〕

①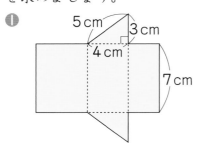

5 cm
3 cm
4 cm
7 cm

(　　　　　　　)

②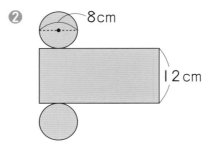

8 cm
12 cm

(　　　　　　　)

4 下の図のような立体の体積を求めましょう。　　　1つ13〔26点〕

①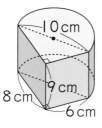

10 cm
9 cm
8 cm
6 cm

(　　　　　　　)

②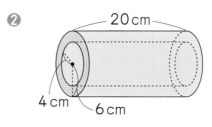

20 cm
4 cm
6 cm

(　　　　　　　)

チェック ✓
□ 角柱の体積は求められたかな？
□ 円柱の体積は求められたかな？

まとめのテスト ②

時間 **20**分

得点 /100点

答え 12ページ

1 よく出る 下の図のような角柱の体積を求めましょう。 1つ12〔24点〕

❶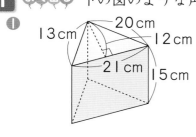

13cm 20cm 12cm 21cm 15cm

( )

❷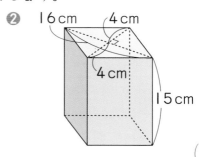

16cm 4cm 4cm 15cm

( )

2 よく出る 下の図のような円柱の体積を求めましょう。 1つ12〔24点〕

❶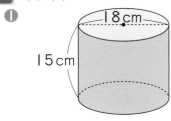

18cm 15cm

( )

❷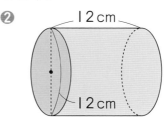

12cm 12cm

( )

3 次の図は角柱や円柱の展開図です。この展開図を組み立てたときにできる角柱や円柱の体積を求めましょう。 1つ13〔26点〕

❶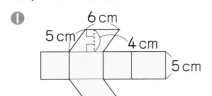

6cm 5cm 4cm 5cm

( )

❷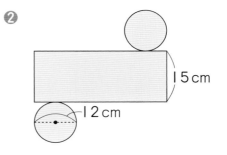

15cm 12cm

( )

4 下の図のような立体の体積を求めましょう。 1つ13〔26点〕

❶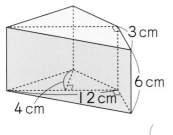

3cm 6cm 4cm 12cm

( )

❷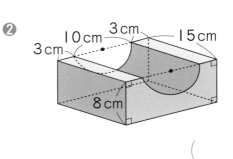

10cm 3cm 15cm 3cm 8cm

( )

勉強した日　月　日

① およその面積と体積
基本のワーク

答え 12ページ

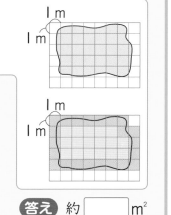

やってみよう

☆ 右のような形の土地のおよその面積を求めます。
❶ 方眼を使って，およその面積を求めましょう。
❷ 土地を長方形とみて，およその面積を求めましょう。

1m
1m

1m
1m

とき方 ❶ 土地のまわりの線の中に完全に入っている方眼(右の図の□)は□個，まわりの線がかかっている方眼(右の図の■)は□個あります。■の方眼の面積は，ならしてどれも $0.5\,m^2$ と考えると，$1\times\square+0.5\times\square=\square$

答え 約□m^2

❷ 縦(たて)5m，横6mの長方形とみると，$5\times\square=\square$

答え 約□m^2

1 右のような形をした池があります。池の深さはどこも0.7mです。この池に入る水のおよその体積を求めます。

1m
1m

❶ 方眼を使って，およその体積を求めましょう。

(　　　　　)

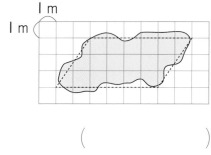

❷ 池の表面を▱のような平行四辺形とみて，およその体積を求めましょう。

(　　　　　)

2 右のような形をした畑を長方形とみて，およその面積を求めましょう。

24m
11m

(　　　　　)

3 右のような形をした箱を直方体とみて，およその体積を求めましょう。

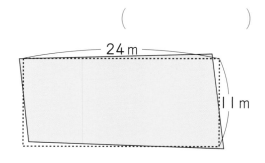

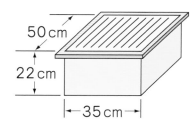

50cm
22cm
35cm

(　　　　　)

ポイント 実際に面積や体積を求めるときは，図形の中に三角形などの図がかかれているわけではありません。できるだけ面積や体積が近くなるような図をかくことが大切です。

まとめのテスト

答え 12ページ

時間 **20**分

得点 /100点

1 右のような形をした土地のおよその面積を，方眼を使って求めましょう。 〔20点〕

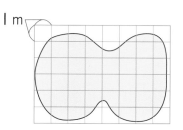

1 m

(   )

2 よく出る 右のような形をした池を三角形とみて，およその面積を求めましょう。 〔20点〕

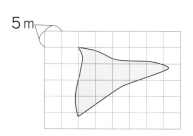

5 m

(   )

3 右のような形をした土地を台形とみて，およその面積を求めましょう。 〔20点〕

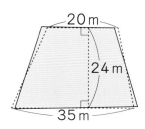

20 m
24 m
35 m

(   )

4 よく出る 右のような形をした水そうを直方体とみて，およその容積を求めましょう。 〔20点〕

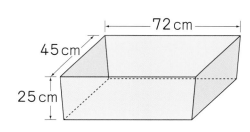

72 cm
45 cm
25 cm

(   )

5 右のような形をした容器を円柱とみて，およその体積を求めましょう。 〔20点〕

20 cm
35 cm

(   )

□ およその面積を求められたかな？
□ およその体積を求められたかな？

73

① 比例
基本のワーク

☆ 底辺が 6cm の三角形の高さと面積について，次の問題に答えましょう。

❶ 右の表の空らんにあてはまる数を書きましょう。

❷ 高さが 1cm 増えると，面積は何 cm² 増えますか。

❸ 面積は高さに比例しますか。

高さ x(cm)	1	2	3	4	5
面積 y(cm²)	3		9		

とき方 ❶ 三角形の面積＝底辺×高さ÷2 だから，

x の値が 2 のとき… 6×□÷2＝□

x の値が 4 のとき… 6×□÷2＝□

x の値が 5 のとき… 6×□÷2＝□

答え 問題の表に記入

❷ 表から，高さが 1cm 増えると，それにともなって面積は □cm² 増えます。

答え □cm² 増える。

❸ x の値が 2 倍，3 倍，4 倍，…になると，それにともなって y の値も □ 倍，□ 倍，□ 倍，…になるとき，「y は x に比例する」といいます。 **答え** 比例 □。

❶ 右の表は，おもりの重さとおもりをつるしたときのばねの長さについて表したものです。

❶ ばねの長さはおもりの重さに比例しますか。

（　　　　　　　　　　　）

❷ 右の表の空らんにあてはまる数を書きましょう。

❸ ばねののびはおもりの重さに比例しますか。

おもりの重さ（g）	0	5	10	15	20
ばねの長さ（cm）	10	12	14	16	18
ばねののび（cm）		2	4		

 おもりの重さが 2 倍，3 倍，…になるとき，ばねの長さやのびは 2 倍，3 倍，…になっているかな？

（　　　　　　　　　　　）

❷ 次の 2 つの数量について，表の空らんにあてはまる数を書き，y が x に比例しているものには○，比例していないものには×を（　）に書きましょう。

❶ 同じ種類のノートの冊数と代金

（　　）

ノートの冊数 x(冊)	1	2	3	4
代金　　　　y(円)	90			

❷ 自動車が一定の速さで走った時間と道のり

（　　）

走った時間　x(時間)	1	2	3	4
走った道のり y(km)	75			

❸ 5L の水が入った水そうに，一定の量ずつ水を入れた時間と水の深さ

（　　）

水を入れた時間 x(分)	1	2	3	4
水の深さ　　y(cm)	10	15		

 y が x に比例するとき，x の何倍の増え方と y の何倍の増え方が同じです。x が 2 倍，3 倍，…のとき，対応する y が何倍になっているかを確かめましょう。

② 比例の式
基本のワーク

答え 12ページ

☆ 右の表は，82円の消しゴムの個数と代金について表したものです。

消しゴムの個数 x(個)	1	2	3	4
代金 y(円)	82			

❶ 右の表の空らんにあてはまる数を書きましょう。

❷ $y \div x$ の値を求めましょう。　❸ x と y の関係を，式に表しましょう。

とき方 ❶ x の値が2のとき…82×□=□

x の値が3のとき…82×□=□

x の値が4のとき…82×□=□　答え 問題の表に記入

❷ $y \div x = 82 \div 1 = □ \div 2 = □ \div 3 = □ \div 4 = □$　答え □

❸ y が x に比例するとき，x の値でそれに対応する y の値をわった商は，いつも決まった数になり，$y=$ 決まった数 $\times x$ が成り立ちます。　答え $y = □ \times x$

❶ 右の表は，1mの重さが12gの針金の長さと重さを表したものです。

針金の長さ x(m)	1	2	3	4
針金の重さ y(g)	12			

❶ 右の表の空らんにあてはまる数を書きましょう。

❷ y は x に比例しますか。

(　　　　　　　)

❸ x と y の関係を，式に表しましょう。

(　　　　　　　)

❷ 次の2つの数量について，x と y の関係を式に表し，y が x に比例しているものには○，比例していないものには×を（　）に書きましょう。

❶ 12kmの道のりを歩く人の時速とかかる時間

式 [　　　　　　] (　　)

時速 x(km)	3	4	5	6
かかる時間 y(時間)	4	3	2.4	2

❷ 同じ種類の商品の個数と代金

式 [　　　　　　] (　　)

個数 x(個)	2	3	4	5
代金 y(円)	100	150	200	250

❸ 同じ種類の鉄の棒の本数と全体の重さ

式 [　　　　　　] (　　)

棒の本数 x(本)	3	4	5	6
全体の重さ y(kg)	5.4	7.2	9	10.8

❹ 水そうに水を入れる時間と水の体積

式 [　　　　　　] (　　)

水を入れる時間 x(分)	1	2	3	4
水の体積 y(L)	25	30	35	40

ポイント y が x に比例するとき，$y \div x$ は決まった数です。
$y \div x =$ 決まった数　より，$y =$ 決まった数 $\times x$　これが比例を表す式です。

75

③ 比例の式と値
基本のワーク

答え 13ページ

> ☆ 1mの重さが15gのパイプがあります。パイプの長さを x m, 重さを y gとします。
> ❶ x と y の関係を, 式に表しましょう。
> ❷ x の値が3のときの y の値を求めましょう。
> ❸ y の値が36のときの x の値を求めましょう。

とき方 ❶　重さ＝1mの重さ×長さ と表せるから, $y = \boxed{} \times x$

答え $y = \boxed{} \times x$

❷　x の値が3のとき… $y = 15 \times \boxed{} = \boxed{}$

答え $\boxed{}$

❸　y の値が36のとき… $15 \times x = \boxed{}$ だから, $x = \boxed{} \div 15 = \boxed{}$

答え $\boxed{}$

1 次の2つの数量について, x と y の関係を式に表し, y が x に比例しているものには○, 比例していないものには×を（　）に書きましょう。

❶　縦の長さが4cmの長方形の, 横の長さ x cmと面積 y cm²

❷　12mのテープを等分するときの, できるテープの本数 x 本と1つ分の長さ y m

式 $\boxed{}$ （　　）　　式 $\boxed{}$ （　　）

2 底辺の長さが16cmの三角形の高さを x cm, 面積を y cm²とします。

❶　x と y の関係を, 式に表しましょう。

❷　x の値が2.5のときの y の値を求めましょう。

（　　　　　）　　　　　　　　（　　　　　）

3 時速4.8kmで歩く人が x 時間に進む道のりを y kmとします。

❶　x と y の関係を, 式に表しましょう。

（　　　　　）

❷　x の値が1.5のときの y の値を求めましょう。

❸　y の値が12のときの x の値を求めましょう。

（　　　　　）　　　　　　　　（　　　　　）

ポイント　$y = ○ \times x$ で, y の値が□のときの x の値は, $○ \times x = □$ から, $x = □ \div ○$

■

まとめのテスト

時間 **20**分

勉強した日 ▶ 　月　　日

得点 /100点

答え 13ページ

1 右の表は，底辺の長さが 12cm の平行四辺形の高さと面積について表したものです。 1つ4〔28点〕

高さ x(cm)	2	4	6	8
面積 y(cm²)	24			

❶ 右の表の空らんにあてはまる数を書きましょう。

❷ y は x に比例しますか。

（　　　　　）

❸ x が 1 増えると，y はいくつ増えますか。

（　　　　　）

❹ $y \div x$ の値を求めましょう。

（　　　　　）

❺ x と y の関係を，式に表しましょう。

（　　　　　）

2 次の 2 つの数量について，表の空らんにあてはまる数を書き，x と y の関係を式に表しましょう。また，y が x に比例しているものには○，比例していないものには×を（ ）に書きましょう。 1つ4〔60点〕

❶ 同じ種類のケーキの個数と代金

ケーキの個数 x(個)	1	2	3	4
代金 y(円)	135			

式 ⬚　　　　　　　　　　　　（　　　　）

❷ 水そうの水のうち，使った水の量と残りの水の量

使った水の量 x(L)	1	2	3	4
残りの水の量 y(L)	6			

式 ⬚　　　　　　　　　　　　（　　　　）

❸ 円の直径の長さと円周の長さ

直径の長さ x(cm)	1	2	3	4
円周の長さ y(cm)	3.14			

式 ⬚　　　　　　　　　　　　（　　　　）

3 よく出る 秒速 24m で走る自動車が x 秒間に進む道のりを ym とします。 1つ4〔12点〕

❶ x と y の関係を，式に表しましょう。

（　　　　　）

❷ x の値が 7.5 のときの y の値を求めましょう。

（　　　　　）

❸ y の値が 300 のときの x の値を求めましょう。

（　　　　　）

 □比例や比例を表す式について，理解できたかな？
□文字に数をあてはめて，対応する値を求められたかな？

77

16 反比例

① 反比例
基本のワーク

答え 13ページ

☆ 面積が 12cm² の平行四辺形の底辺と高さについて，次の問題に答えましょう。

❶ 右の表の空らんにあてはまる数を書きましょう。

❷ 高さは底辺の長さに反比例しますか。

底辺 x(cm)	1	2	3	4	5	6
高さ y(cm)	12	6				2

とき方 ❶ 平行四辺形の面積＝底辺×高さ　だから，高さ＝平行四辺形の面積÷底辺

x の値が 3 のとき…□÷3=□

x の値が 4 のとき…□÷4=□

x の値が 5 のとき…□÷5=□

答え 問題の表に記入

❷ x の値が 2 倍，3 倍，4 倍，…になると，それにともなって y の値が□倍，□倍，□倍，…になるとき，「y は x に反比例する」といいます。

答え 反比例□。

❶ 右の表は，1分間に水そうに入れる水の量と，水そうをいっぱいにするのにかかる時間について表したものです。

1分間に入れる水の量 x(m³)	1	2	3	4	5
かかる時間　　　y(分)	30		10		

❶ 右の表の空らんにあてはまる数を書きましょう。

❷ かかる時間は，1分間に入れる水の量に反比例しますか。

（　　　　　　　　）

x の値が 2 倍，3 倍，…になるとき，y の値は $\frac{1}{2}$ 倍，$\frac{1}{3}$ 倍，…になっているかな？

❷ 次の 2 つの数量 x，y について，表の空らんにあてはまる数を書き，y が x に反比例しているものには○，反比例していないものには×を（　）に書きましょう。

❶ 130 ページの本で，読んだページ数と残りのページ数

読んだページ数 x(ページ)	30	60	90	120
残りのページ数 y(ページ)	100			

（　　　）

❷ 300km の道のりを進むときの，時速とかかる時間

時速　　x(km)	20	30	40	60
かかる時間 y(時間)		10		

（　　　）

❸ 荷物を 600kg 積める車に荷物を積むときの，荷物 1 個の重さと積める荷物の個数

荷物 1 個の重さ　x(kg)	10	20	30	40
積める荷物の個数 y(個)	60			

（　　　）

ポイント y が x に反比例するとき，x が○倍になると，それにともなって y は $\frac{1}{○}$ 倍になります。

② 反比例の式
基本のワーク

答え 13ページ

答え 13ページ

☆ 右の表は，240km の道のりを走るときの，時速とかかる時間について表したものです。

時速　　　x(km)	10	20	30	40
かかる時間 y(時間)	24			6

❶ 右の表の空らんにあてはまる数を書きましょう。

❷ $x×y$ の値を求めましょう。　　❸ x と y の関係を，式に表しましょう。

とき方 ❶ x の値が 20 のとき… ☐ ÷20 = ☐

x の値が 30 のとき… ☐ ÷30 = ☐　　　**答え** 問題の表に記入

❷ $x×y＝10×24＝20×$ ☐ $＝30×$ ☐ $＝40×$ ☐ $＝$ ☐　　**答え** ☐

❸ y が x に反比例するとき，x の値とそれに対応する y の値の積は，いつも決まった数になり，$y＝$決まった数$÷x$ が成り立ちます。　**答え** $y＝$ ☐ $÷x$

❶ 右の表は，1800mL のお茶を何人かで等分するときの，分けられる人数と 1 人分の量について表したものです。

人数　　　x(人)	1	2	3	4
1 人分の量 y(mL)	1800			

❶ 右の表の空らんにあてはまる数を書きましょう。

❷ y は x に反比例しますか。

(　　　　　　　　　)

❸ x と y の関係を，式に表しましょう。

(　　　　　　　　　)

❷ 次の 2 つの数量 x，y について，x と y の関係を式に表し，y が x に反比例しているものには○，反比例していないものには×を（　）に書きましょう。

❶ リボンを同じ長さに切り分けるときの，分けられる本数と 1 本分の長さ

式 ☐ (　　)

本数　　　x(本)	2	3	4	5
1 本分の長さ y(cm)	18	12	9	7.2

❷ 容器に入っている塩のうち，使った塩の量と残りの塩の量

式 ☐ (　　)

使った塩の量 x(g)	20	40	60	80
残りの塩の量 y(g)	180	160	140	120

❸ 面積が同じ長方形の縦の長さと横の長さ

式 ☐ (　　)

縦の長さ x(cm)	2	5	10	20
横の長さ y(cm)	20	8	4	2

❹ ある仕事を何人かでするときの，人数とかかった時間

式 ☐ (　　)

人数　　　x(人)	1	2	3	4
かかった時間 y(時間)	16	8	$\dfrac{16}{3}$	4

 ポイント　y が x に反比例するとき，$x×y$ は決まった数です。
$x×y＝$ 決まった数　より，$y＝$ 決まった数$÷x$　て，これが反比例を表す式です。

③ 反比例の式と値
基本のワーク

答え 13ページ

やってみよう

☆ 容積が 42 m³ の水そうがあります。この水そうに 1 時間に入れる水の量を x m³，水そうをいっぱいにするのにかかる時間を y 時間とします。

❶ x と y の関係を，式に表しましょう。

❷ x の値が 12 のときの y の値を求めましょう。

❸ y の値が 15 のときの x の値を求めましょう。

とき方 ❶　水そうの容積＝1 時間に入れる水の量×かかる時間　だから，

かかる時間＝水そうの容積÷1 時間に入れる水の量

なので，$y=$ [　] $÷x$　　　　　　　答え $y=$ [　] $÷x$

❷　x の値が 12 のとき…$y=42÷$ [　] $=$ [　]

答え [　]

❸　$x×y=$ [　] と表せるから，$x=$ [　] $÷y$

y の値が 15 のとき…$x=42÷$ [　] $=$ [　]

答え [　]

---

❶ 次の 2 つの数量 x，y について，x と y の関係を式に表し，y が x に反比例しているものには○，反比例していないものには×を（　）に書きましょう。

❶　5 時間走るときの，時速 x km と道のり y km

❷　36 km の道のりを走るときの，時速 x km とかかる時間 y 時間

式 [　　　　　　　]（　　）　　　式 [　　　　　　　]（　　）

❷ 面積が 32 cm² の平行四辺形で，底辺の長さを x cm，高さを y cm とします。

❶　x と y の関係を，式に表しましょう。

（　　　　　　　　）

❷　x の値が 1.6，20 のときの y の値をそれぞれ求めましょう。

x の値が 1.6 のとき（　　　　　　　）x の値が 20 のとき（　　　　　　　）

❸　y の値が 0.8，10 のときの x の値をそれぞれ求めましょう。

y の値が 0.8 のとき（　　　　　　　）y の値が 10 のとき（　　　　　　　）

ポイント　y が x に反比例するとき，$y=$ 決まった数 $÷x$，$x×y=$ 決まった数　が成り立ちます。

まとめのテスト

答え 13ページ

勉強した日　月　日

時間 20分

得点　/100点

1 右の表は，面積が $27cm^2$ の平行四辺形の底辺の長さと高さについて表したものです。

1つ7〔49点〕

底辺 x(cm)	1	2	3	4	5	6
高さ y(cm)	27			6.75		

❶ 右の表の空らんにあてはまる数を書きましょう。

❷ y は x に反比例しますか。

（　　　　　　　　　）

❸ $x×y$ の値を求めましょう。

（　　　　　　　　　）

❹ x と y の関係を，式に表しましょう。

（　　　　　　　　　）

2 次の2つの数量 x，y について，x と y の関係を式に表しましょう。また，y が x に反比例しているものには○，反比例していないものには✕を（　）に書きましょう。　　　1つ6〔36点〕

❶ まわりの長さが $60cm$ の長方形の，縦の長さ x cm と横の長さ y cm

式 ＿＿＿＿＿＿＿＿＿　（　　　）

❷ 面積が $15cm^2$ の長方形の，縦の長さ x cm と横の長さ y cm

式 ＿＿＿＿＿＿＿＿＿　（　　　）

❸ $40km$ の道のりを時速 x km で歩いたときのかかった時間 y 時間

式 ＿＿＿＿＿＿＿＿＿　（　　　）

3 よく出る 水そうに $120L$ の水を入れるときの，1分間に入れる水の量を x L，$120L$ 入れるのにかかる時間を y 分とします。　　　1つ5〔15点〕

❶ x と y の関係を，式に表しましょう。

（　　　　　　　　　）

❷ x の値が 15 のときの y の値を求めましょう。

（　　　　　　　　　）

❸ y の値が 2.4 のときの x の値を求めましょう。

（　　　　　　　　　）

チェック　□ 反比例や反比例を表す式について，理解できたかな？
□ 文字に数をあてはめて，対応する値を求められたかな？

① 並べ方
基本のワーク

答え 13ページ

☆ 次のものは，全部でそれぞれ何通りありますか。

❶ 1, 2, 3, 4 の 4 枚のカードを使ってできる 4 けたの整数

❷ 100 円玉を続けて 3 回投げたとき，表と裏の出方

とき方 ❶ 千の位が 1 のとき，下の図のように，6 通りの整数ができます。

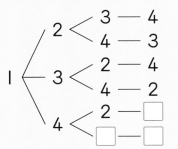

千の位が 2, 3, 4 のときも 6 通りずつできるから，全部で，

6×4=☐

答え ☐ 通り

❷ 1 回めが表のとき，下の図のように，☐ 通りの場合があります。

1 回めが裏のときも ☐ 通りできるから，

全部で，☐×2=☐

答え ☐ 通り

❶ 1, 2, 3, 4 の 4 枚のカードのうちの 3 枚を使ってできる 3 けたの整数は，全部で何通りありますか。

（　　　　　　　）

❷ 大小 2 つのさいころを同時に 1 回投げます。次の出方は全部で何通りありますか。

❶ 全部の目の出方　　　　　　　　❷ 出る目の和が 8 以上になる出方

（　　　　　　　）　　　　　　　（　　　　　　　）

❸ A, B, C, D, E の 5 人の班で，班長と副班長を 1 人ずつ選ぶ選び方は，全部で何通りありますか。

（　　　　　　　）

❹ 10 円玉を続けて 4 回投げます。次の場合は全部で何通りありますか。

❶ 表が 3 枚ある場合　　　　　　　❷ 裏が 3 枚ある場合

（　　　　　　　）　　　　　　　（　　　　　　　）

 何通りあるかを求めるときは，落ちや重なりがないように，図や表を使って，順序よく整理して調べます。

② 組み合わせ方
基本のワーク

答え 14ページ

☆ A，B，C，D の 4 人の中から何人かを選ぶとき，次の組み合わせは全部で何通りありますか。

　❶　2 人を選ぶ組み合わせ　　　　❷　3 人を選ぶ組み合わせ

とき方 A・B と B・A，A・C と C・A，…は同じ組み合わせなので，それぞれ 1 通りです。

❶《1》 A — B　　B — C　　C — □
　　　　　C
　　　　　D　　　　　□

《2》
	A	B	C	D
A		○	○	○
B			○	○
C				
D				

《3》 図形の辺と対角線で
　　　組み合わせを表す場合

A — C
B — D

答え □ 通り

❷《1》 選ぶ 3 人に○をつける場合

A	B	C	D
○	○	○	
○	○		○
○		○	○
	○	○	○

《2》 選ばない 1 人に×をつける場合

A	B	C	D
			×
		×	
	×		
×			

答え □ 通り

❶ 赤，黄，緑，青，白の 5 つの色紙の中から，ちがう種類の 3 つを選びます。組み合わせは全部で何通りありますか。

（　　　　　　）

❷ 1，2，3，4，5 の 5 枚のカードの中から，2 枚を選んで取り出します。次の組み合わせは全部で何通りありますか。

　❶　2 枚の組み合わせ　　　　❷　2 枚のカードの数の和が偶数になる組み合わせ

（　　　　　　）　　　　　（　　　　　　）

❸ 右の図のように，円周上に A，B，C，D，E の 5 つの点があります。この中から 4 つの点を選んでできる四角形は，全部で何通りありますか。

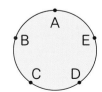

（　　　　　　）

　A・B・C，A・C・B，B・A・C，B・C・A，C・A・B，C・B・A は，並べ方としては 6 通りありますが，組み合わせ方としては 1 通りです。

83

勉強した日　月　日

時間 **20** 分

答え **14ページ**

得点　/100点

1 よく出る 次のものは，全部でそれぞれ何通りありますか。　1つ10〔30点〕

❶ 赤，黄，青，白の4個のボールを左から順に並べる並べ方

（　　　　　　　）

❷ ①，②，③，④の4枚のカードのうちの2枚を使ってできる2けたの整数

（　　　　　　　）

❸ 50円玉を続けて3回投げたとき，表と裏の出方

（　　　　　　　）

2 大小2つのさいころを同時に1回投げます。次の場合は全部で何通りありますか。

❶ 2つの目の差が2になる場合　1つ10〔20点〕

（　　　　　　　）

❷ 2つの目の積が6の倍数になる場合

（　　　　　　　）

3 よく出る 次のものは，全部でそれぞれ何通りありますか。　1つ10〔30点〕

❶ 1組，2組，3組，4組の4つの組で，どの組も，ちがった組と1回ずつ試合をするときの，試合の数

（　　　　　　　）

❷ オレンジ，なし，もも，かきの4種類の果物の中から，ちがう種類の2つを選ぶ組み合わせ

（　　　　　　　）

❸ 赤，緑，青，茶，白の5色の球の中から，ちがう種類の4つを選ぶ組み合わせ

（　　　　　　　）

4 A，B，C，D，Eの5つの文字の中から，ちがう種類の2つを選びます。次の並べ方，選び方は全部で何通りありますか。　1つ10〔20点〕

❶ 2つの文字を左から順に並べる並べ方

（　　　　　　　）

❷ 2つの文字を選ぶ選び方

（　　　　　　　）

□ 並べ方が何通りあるか，求められたかな？
□ 組み合わせ方が何通りあるか，求められたかな？

まとめのテスト❷

答え 14ページ

1 次のものは，全部でそれぞれ何通りありますか。 1つ10〔20点〕

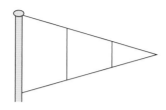

❶ 赤，黄，緑，白の4色のうちの3色を使って，右のような旗をつくるとき，できる旗の種類

（　　　　　　　　　）

❷ みかん，りんご，バナナの3種類の果物と，牛乳，お茶，ジュースの3種類の飲み物の中から，果物と飲み物をそれぞれ1種類ずつ選ぶ選び方

（　　　　　　　　　）

2 よく出る 1，2，3，4，5の5枚のカードを使って整数をつくります。次の整数は全部で何通りできますか。 1つ10〔30点〕

❶ 3枚のカードを使ってできる，3けたの整数

（　　　　　　　　　）

❷ 4枚のカードを使ってできる，4けたの偶数

（　　　　　　　　　）

❸ 5枚のカードを使ってできる，35000より大きい整数

（　　　　　　　　　）

3 よく出る 次のものは，全部でそれぞれ何通りありますか。 1つ10〔20点〕

❶ 6人の班で，2人の当番を選ぶ選び方

（　　　　　　　　　）

❷ A，B，C，D，Eの5つのチームで，どのチームも，ちがったチームと1回ずつ試合をするときの，試合の数

（　　　　　　　　　）

4 1〜9の整数の中から，2つの整数を選びます。次の組み合わせは全部で何通りありますか。

❶ 2つの数の和が8になる組み合わせ 1つ10〔20点〕

（　　　　　　　　　）

❷ 2つの数の積が偶数になる組み合わせ

（　　　　　　　　　）

5 1円玉，5円玉，10円玉，50円玉，100円玉の5種類のお金が1枚ずつあります。このうち4枚を組み合わせてできる金額を全部答えましょう。 〔10点〕

（　　　　　　　　　）

チェック ✓
□ 図や表を使って，数えまちがえがないように注意できたかな？
□ 並べ方と組み合わせ方のちがいに注意できたかな？

① 長さの単位
基本のワーク

答え 14ページ

やってみよう

☆ 次の量を，〔　〕の中の単位で表しましょう。
① 1.2 m〔cm〕　　② 34 mm〔cm〕　　③ 560 m〔km〕

とき方

ミリ m	センチ c	デシ d	―	デカ da	ヘクト h	キロ k
$\frac{1}{1000}$ 倍	$\frac{1}{100}$ 倍	$\frac{1}{10}$ 倍	1	10 倍	100 倍	1000 倍
mm	cm	(dm)	m	(dam)	(hm)	km

① 1 m = ☐ cm だから，1.2 に ☐ をかけて，☐ cm　**答え** ☐ cm

② 1 mm = $\frac{1}{☐}$ cm だから，34 に $\frac{1}{☐}$ をかけて，☐ cm　**答え** ☐ cm

③ 1 m = $\frac{1}{☐}$ km だから，560 に $\frac{1}{☐}$ をかけて，☐ km　**答え** ☐ km

1 ☐にあてはまる数を求めましょう。

① 1 mm = $\frac{1}{☐}$ cm　　② 1 cm = ☐ mm　　③ 1 m = ☐ cm

④ 1 cm = $\frac{1}{☐}$ m　　⑤ 1 mm = $\frac{1}{☐}$ m　　⑥ 1 m = ☐ mm

⑦ 1 km = ☐ m　　⑧ 1 m = $\frac{1}{☐}$ km

1mを基準にして考えてみよう。

2 次の量を，〔　〕の中の単位で表しましょう。
① 0.3 m〔cm〕　　② 58 cm〔m〕　　③ 0.42 km〔m〕

（　　　　）　　　　（　　　　）　　　　（　　　　）

④ 72 m〔km〕　　⑤ 6400 mm〔cm〕　　⑥ 0.12 m〔mm〕

（　　　　）　　　　（　　　　）　　　　（　　　　）

3 ☐にあてはまる単位を書きましょう。
① はがきの縦の長さ　　② エベレスト山の高さ　　③ 東京と大阪の直線きょり
…150☐　　　　…8848☐　　　　…403☐

ポイント 1 mm…1 mの $\frac{1}{1000}$，1 cm…1 mの $\frac{1}{100}$，1 km…1 mの 1000 倍

② 重さの単位
基本のワーク

答え 14ページ

やってみよう

☆ 次の量を，〔　〕の中の単位で表しましょう。
- ❶ 1.2g〔mg〕
- ❷ 340g〔kg〕
- ❸ 0.56t〔kg〕

とき方

ミリ m	センチ c	デシ d	—	デカ da	ヘクト h	キロ k	—
$\frac{1}{1000}$倍	$\frac{1}{100}$倍	$\frac{1}{10}$倍	1	10倍	100倍	1000倍	1000kg
mg	(cg)	(dg)	g	(dag)	(hg)	kg	t

❶ 1g=□mg だから，1.2 に □ をかけて，□mg　　答え □mg

❷ 1g=$\frac{1}{□}$kg だから，340 に $\frac{1}{□}$ をかけて，□kg　　答え □kg

❸ 1t=□kg だから，0.56 に □ をかけて，□kg　　答え □kg

1 □にあてはまる数を求めましょう。
- ❶ 1mg=$\frac{1}{□}$g
- ❷ 1g=□mg
- ❸ 1kg=□g
- ❹ 1g=$\frac{1}{□}$kg
- ❺ 1kg=$\frac{1}{□}$t
- ❻ 1t=□kg
- ❼ 1kg=□mg
- ❽ 1t=□g

> 1gを1000倍すると1kg，1gを$\frac{1}{1000}$倍すると1mgだね。

2 次の量を，〔　〕の中の単位で表しましょう。
- ❶ 0.25g〔mg〕
- ❷ 4800mg〔g〕
- ❸ 1700g〔kg〕

(　　　　　)　(　　　　　)　(　　　　　)

- ❹ 0.95kg〔g〕
- ❺ 860kg〔t〕
- ❻ 5t〔kg〕

(　　　　　)　(　　　　　)　(　　　　　)

3 □にあてはまる単位を書きましょう。
- ❶ 赤ちゃんの体重
  …3200□
- ❷ 小学6年生の平均体重
  …45□
- ❸ トラックの重さ
  …4□

ポイント 1mg…1gの$\frac{1}{1000}$，1kg…1gの1000倍，1t…1kgの1000倍

③ 面積の単位
基本のワーク

答え 14ページ

☆ 次の量を，〔　〕の中の単位で表しましょう。
❶ 62000 cm²〔m²〕　　**❷** 0.0083 km²〔m²〕　　**❸** 4700 m²〔a〕

とき方

1辺の長さ	1 cm	1 m	10 m	100 m	1 km
正方形の面積	1 cm²	1 m²	100 m²（1 a）	10000 m²（1 ha）	1 km²
倍	1	10000倍	—	—	—
	—	1	100倍	10000倍	1000000倍

❶ 1 cm² = $\dfrac{1}{\boxed{}}$ m² だから，62000 に $\dfrac{1}{\boxed{}}$ をかけて，$\boxed{}$ m²
　　　　　　　　　　　　　　　　　　　　　　　答え $\boxed{}$ m²

❷ 1 km² = $\boxed{}$ m² だから，0.0083 に $\boxed{}$ をかけて，$\boxed{}$ m²
　　　　　　　　　　　　　　　　　　　　　　　答え $\boxed{}$ m²

❸ 1 m² = $\dfrac{1}{\boxed{}}$ a だから，4700 に $\dfrac{1}{\boxed{}}$ をかけて，$\boxed{}$ a　答え $\boxed{}$ a

❶ □にあてはまる数を求めましょう。

❶ 1 cm² ⇄ 1 m²　　　　　**❷** 1 m² ⇄ 1 a　　　　　**❸** 1 m² ⇄ 1 ha
　　$\boxed{}$倍　$\dfrac{1}{\boxed{}}$倍　　　$\boxed{}$倍　$\dfrac{1}{\boxed{}}$倍　　　$\boxed{}$倍　$\dfrac{1}{\boxed{}}$倍

❷ 次の量を，〔　〕の中の単位で表しましょう。
❶ 0.07 m²〔cm²〕　　**❷** 230 m²〔a〕　　**❸** 1.4 a〔m²〕

（　　　　）　　　（　　　　）　　　（　　　　）

❹ 6500 a〔ha〕　　**❺** 7900 m²〔ha〕　　**❻** 320000 m²〔km²〕

（　　　　）　　　（　　　　）　　　（　　　　）

❸ □にあてはまる単位を書きましょう。
❶ 北海道の面積　　　　**❷** 1000円札の面積　　　**❸** 甲子園球場の面積
…約 83450 $\boxed{}$　　…114 $\boxed{}$　　　…38500 $\boxed{}$

ポイント 1 m² = 10000 cm²，1 km² = 1000000 m²，
1 a = 100 m²，1 ha = 10000 m²

④ 体積の単位，水の体積と重さ
基本のワーク

答え 14ページ

☆ 次の量を，〔 〕の中の単位で表しましょう。また，それぞれの体積の水の重さを求めましょう。

❶ 58000 cm³〔m³〕　　❷ 0.0036 m³〔L〕

とき方

1辺の長さ	1 cm	—	—	10 cm	1 m
立方体の体積	1 cm³（1 mL）	10 cm³	100 cm³（1 dL）	1000 cm³（1 L）	1 m³（1 kL）
上の体積の水の重さ	1 g	10 g	100 g	1 kg	1 t

❶　1 cm³＝ □/□ m³ だから，58000 に □/□ をかけて，□ m³

また，水の重さは，58 □　　　　　答え □ m³　□ kg

❷　1 m³＝□ L だから，0.0036 に □ をかけて，□ L

また，水の重さは，3.6 □　　　　　答え □ L　□ kg

1 □にあてはまる数を求めましょう。

❶ 1 cm³ ←□倍 / □倍→ 1 L

❷ 1 cm³ ←□倍 / □倍→ 1 m³

❸ 1 L ←□倍 / □倍→ 1 m³

2 次の量を，〔 〕の中の単位で表しましょう。

❶ 0.18 L〔cm³〕　　❷ 0.07 m³〔cm³〕　　❸ 35 L〔m³〕

（ 　　　　 ）　　（ 　　　　 ）　　（ 　　　　 ）

3 次の体積の水の重さを，〔 〕の中の単位で求めましょう。

❶ 375 cm³〔g〕　　❷ 1.2 L〔kg〕　　❸ 5 dL〔g〕

（ 　　　　 ）　　（ 　　　　 ）　　（ 　　　　 ）

4 次の重さの水の体積を，〔 〕の中の単位で求めましょう。

❶ 0.4 kg〔dL〕　　❷ 630 g〔L〕　　❸ 89 kg〔m³〕

（ 　　　　 ）　　（ 　　　　 ）　　（ 　　　　 ）

ポイント 1 m³＝1000000 cm³，1 L＝1000 cm³，1 m³＝1 kL＝1000 L，1 mL＝1 cm³，1 dL＝100 cm³

まとめのテスト❶

時間 20分

答え 15ページ

得点

/100点

1 よく出る 次の量を，〔 〕の中の単位で表しましょう。 1つ5〔40点〕

❶ 400 mm〔cm〕

( )

❷ 0.5 m〔cm〕

( )

❸ 23000 cm〔km〕

( )

❹ 1.67 km〔m〕

( )

❺ 0.9 g〔mg〕

( )

❻ 12000 kg〔t〕

( )

❼ 0.83 kg〔g〕

( )

❽ 50000 mg〔g〕

( )

2 よく出る 次の量を，〔 〕の中の単位で表しましょう。 1つ5〔40点〕

❶ 0.56 m²〔cm²〕

( )

❷ 0.007 km²〔m²〕

( )

❸ 8 a〔m²〕

( )

❹ 0.3 km²〔ha〕

( )

❺ 0.069 m³〔L〕

( )

❻ 430000 cm³〔m³〕

( )

❼ 820 cm³〔L〕

( )

❽ 5.7 dL〔cm³〕

( )

3 次の体積の水の重さを，〔 〕の中の単位で求めましょう。 1つ5〔10点〕

❶ 3 L〔kg〕

( )

❷ 4.5 dL〔g〕

( )

4 次の重さの水の体積を，〔 〕の中の単位で求めましょう。 1つ5〔10点〕

❶ 0.2 kg〔dL〕

( )

❷ 780 g〔L〕

( )

チェック ☑ □ 長さの単位について，理解できたかな？
□ 重さの単位について，理解できたかな？

まとめのテスト❷

時間 **20**分

答え 15ページ

得点 /100点

1 よく出る 次の量を，〔 〕の中の単位で表しましょう。 1つ5〔40点〕

❶ 12.8 m〔cm〕   ❷ 0.3 cm〔mm〕

(   )   (   )

❸ 7600 cm〔km〕   ❹ 40 m〔km〕

(   )   (   )

❺ 850 mg〔g〕   ❻ 0.02 t〔kg〕

(   )   (   )

❼ 16 g〔kg〕   ❽ 3.7 g〔mg〕

(   )   (   )

2 よく出る 次の量を，〔 〕の中の単位で表しましょう。 1つ5〔40点〕

❶ 0.46 a〔m²〕   ❷ 901000 m²〔km²〕

(   )   (   )

❸ 28 ha〔km²〕   ❹ 1700 cm²〔m²〕

(   )   (   )

❺ 0.00032 m³〔cm³〕   ❻ 1.4 L〔cm³〕

(   )   (   )

❼ 805 cm³〔dL〕   ❽ 67 L〔m³〕

(   )   (   )

3 次の体積の水の重さを，〔 〕の中の単位で求めましょう。 1つ5〔10点〕

❶ 2700 cm³〔kg〕   ❷ 0.061 L〔g〕

(   )   (   )

4 次の重さの水の体積を，〔 〕の中の単位で求めましょう。 1つ5〔10点〕

❶ 490 kg〔kL〕   ❷ 35 g〔dL〕

(   )   (   )

チェック ✓ □ 面積の単位について，理解できたかな？
□ 水の体積と重さについて，理解できたかな？

6年のまとめ

まとめのテスト❶

答え 15ページ

時間 20分

得点 /100点

1 厚さが 14 cm の板を x 枚重ねました。　　　　　　　　　　　　　　1つ5〔15点〕

❶ 全体の高さを，文字 x を使って表しましょう。

（　　　　　　　　　）

❷ x の値が 8 のときの，全体の高さを求めましょう。

（　　　　　　　　　）

❸ 全体の高さが 154 cm になるのは，板が何枚のときですか。

（　　　　　　　　　）

2 x にあてはまる数を求めましょう。　　　　　　　　　　　　　　　　1つ5〔10点〕

❶ $73-x=19$ 　　　　　　　　　　　❷ $x \div 0.8 = 7.5$

（　　　　　　　　　）　　　　　　　　　　（　　　　　　　　　）

3 次の数の逆数を求めましょう。　　　　　　　　　　　　　　　　　　1つ5〔15点〕

❶ $5\dfrac{1}{3}$ 　　　　　　　　❷ 9 　　　　　　　　❸ 1.7

（　　　　　）　　　　　（　　　　　）　　　　　（　　　　　）

4 計算をしましょう。　　　　　　　　　　　　　　　　　　　　　　　1つ6〔48点〕

❶ $\dfrac{3}{8} \times 6$ 　　　　　　❷ $9 \times \dfrac{11}{12}$ 　　　　　　❸ $\dfrac{8}{13} \times \dfrac{1}{4}$

❹ $\dfrac{21}{10} \times \dfrac{5}{14}$ 　　　　　❺ $2\dfrac{1}{3} \times 3\dfrac{3}{4}$ 　　　　　❻ $7\dfrac{1}{9} \times 1\dfrac{7}{8}$

❼ $\dfrac{21}{25} \times 5 \times \dfrac{5}{14}$ 　　　　❽ $5\dfrac{1}{3} \times \dfrac{1}{6} \times 1\dfrac{1}{8}$

5 くふうして計算しましょう。　　　　　　　　　　　　　　　　　　　1つ6〔12点〕

❶ $3\dfrac{1}{3} \times \dfrac{1}{5} + 3\dfrac{1}{3} \times 1\dfrac{4}{5}$ 　　　　❷ $2\dfrac{1}{7} \times \left(1\dfrac{2}{5} - \dfrac{7}{15}\right)$

チェック ✔

□ 文字と式について，確認できたかな？
□ 分数のかけ算について，確認できたかな？

まとめのテスト❷

得点

/100点

答え 15ページ

1 計算をしましょう。　　　　　　　　　　　　　　　　　　　　　　　1つ5〔50点〕

① $\dfrac{1}{7} \div 6$

② $4\dfrac{1}{8} \div 13$

③ $\dfrac{5}{8} \div 15$

④ $3\dfrac{5}{9} \div 16$

⑤ $\dfrac{55}{8} \div \dfrac{3}{10}$

⑥ $5 \div 1\dfrac{1}{4}$

⑦ $2\dfrac{3}{5} \div 6\dfrac{1}{2}$

⑧ $2\dfrac{1}{2} \div 3 \div \dfrac{4}{5}$

⑨ $\dfrac{5}{8} \div \dfrac{7}{12} \div \dfrac{2}{3}$

⑩ $4\dfrac{1}{6} \div 7\dfrac{1}{2} \div 2\dfrac{2}{9}$

2 計算をしましょう。　　　　　　　　　　　　　　　　　　　　　　　1つ5〔30点〕

① $1\dfrac{7}{18} \div \dfrac{35}{27} \times \dfrac{16}{15}$

② $\dfrac{28}{15} \times 0.75$

③ $0.9 \div \dfrac{27}{25}$

④ $7 \div \dfrac{3}{2} \times 1.5$

⑤ $2.1 \times \dfrac{18}{5} \div 1\dfrac{2}{25}$

⑥ $0.8 \div \dfrac{6}{25} \times 0.6$

3 計算をしましょう。　　　　　　　　　　　　　　　　　　　　　　　1つ5〔20点〕

① $\dfrac{3}{4} + \dfrac{25}{8} \div \dfrac{15}{4}$

② $\left(\dfrac{11}{12} - \dfrac{3}{8}\right) \div \dfrac{11}{8}$

③ $\left(\dfrac{5}{8} + \dfrac{5}{16}\right) \times \dfrac{16}{21}$

④ $1 + 16 \times \left(\dfrac{7}{8} - \dfrac{5}{6}\right)$

チェック ✔　□ 分数のわり算について，確認できたかな？
　　　　　　　□ 分数，小数，整数の混じった計算について，確認できたかな？

まとめのテスト❸

時間 **20** 分

答え 16ページ

得点 /100点

1 □にあてはまる数を求めましょう。　　　　　　　　　　　　　1つ5〔20点〕

❶ $2\frac{1}{4}$ m は $\frac{3}{2}$ m の □ 倍です。

❷ $\frac{9}{5}$ g の $\frac{25}{6}$ にあたる重さは □ g です。

❸ □ L の $\frac{3}{5}$ は 0.9 L です。

❹ 35 円は □ 円の $\frac{5}{7}$ です。

2 □にあてはまる分数を書きましょう。　　　　　　　　　　　　1つ4〔12点〕

❶ 66 分 = □ 時間

❷ 25 秒 = □ 分

❸ 200 秒 = □ 分

3 次の速さ，道のり，時間を，〔　〕の中の単位で求めましょう。　1つ5〔20点〕

❶ 40 km を $2\frac{1}{2}$ 時間で走る人の時速〔km〕

❷ 時速 82 km の列車が $1\frac{1}{4}$ 時間に進む道のり〔km〕

（　　　　　　　　　）

（　　　　　　　　　）

❸ 分速 450 m の船が 750 m 進むのにかかる時間〔秒〕

❹ 分速 360 m の自転車が 45 秒間に進む道のり〔m〕

（　　　　　　　　　）

（　　　　　　　　　）

4 次の図形の面積とまわりの長さを求めましょう。　　　　　　　1つ5〔20点〕

❶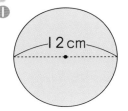

面積（　　　　　　　　　）

長さ（　　　　　　　　　）

❷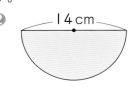

面積（　　　　　　　　　）

長さ（　　　　　　　　　）

5 色のついた部分の面積とまわりの長さを求めましょう。　　　　1つ5〔20点〕

❶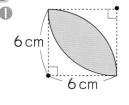

面積（　　　　　　　　　）

長さ（　　　　　　　　　）

❷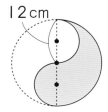

面積（　　　　　　　　　）

長さ（　　　　　　　　　）

6 円周の長さが 62.8 cm の円の面積を求めましょう。　　　　　〔8点〕

（　　　　　　　　　）

□ 分数をふくむ割合や速さの計算について，確認できたかな？
□ 円や円を等分した図形の面積やまわりの長さについて，確認できたかな？

まとめのテスト④

勉強した日 〉 月 日

得点 ／100点

1 次の比を簡単にしましょう。また，比の値を求めましょう。 1つ4〔24点〕

❶ 49：63

❷ 0.24：4

❸ $\frac{3}{4}$：0.8

( ) ( ) ( )

比の値 ( ) 比の値 ( ) 比の値 ( )

2 次の式で，x の表す数を求めましょう。 1つ4〔12点〕

❶ 3：4＝x：8

❷ 0.4：0.3＝12：x

❸ $\frac{5}{12}$：x＝10：3

( ) ( ) ( )

3 次の三角形 ADE は，三角形 ABC の縮図です。 1つ6〔12点〕

❶ 三角形 ADE は，三角形 ABC の何分の一の縮図
ですか。

( )

❷ 直線 DE の長さは何 cm ですか。

( )

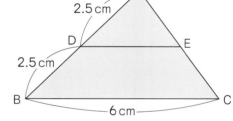

4 次の長さを，〔 〕の中の単位で求めましょう。 1つ6〔12点〕

❶ 縮尺 1：25000 の縮図の上で 3.6 cm
の長さの，実際の長さ〔m〕

❷ 実際の長さ 4.5 km の，縮尺 $\frac{1}{50000}$ の
縮図の上での長さ〔cm〕

( ) ( )

5 下の図のような立体の体積を求めましょう。 1つ8〔24点〕

❶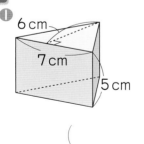

❷

❸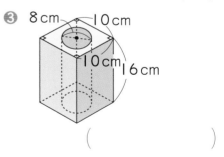

( ) ( ) ( )

6 次の問いに答えましょう。 1つ8〔16点〕

❶ 下のような形をした土地を三角形とみて，
およその面積を求めましょう。

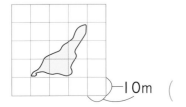

( )

❷ 下のような形をした水そうを直方体とみて，
およその容積を求めましょう。

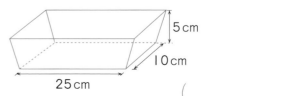

( )

 □比と比の値の計算について，確認できたかな？
□平面図形や立体図形について，確認できたかな？

まとめのテスト❺

時間 **20** 分

得点 /100点

答え 16ページ

1 右の表は，62円のクッキーの枚数と代金について表したものです。

1つ8〔24点〕

クッキーの枚数 x (枚)	1	2	3	4
代金 y (円)	62			

❶ 右の表の空らんにあてはまる数を書きましょう。

❷ x と y の関係を，式に表しましょう。

（　　　　　　　　）

❸ x の値が8のときの y の値を求めましょう。

（　　　　　　　　）

2 右の表は，18kmの道のりを歩く人の時速とかかる時間について表したものです。

1つ8〔24点〕

時速 x (km)	3	4	5	6
かかる時間 y (時間)		4.5		

❶ 右の表の空らんにあてはまる数を書きましょう。

❷ x と y の関係を，式に表しましょう。

（　　　　　　　　）

❸ x の値が4.5のときの y の値を求めましょう。

（　　　　　　　　）

3 赤，白，黄，緑の4色のおはじきの中から，ちがう色の3つを選びます。次の並べ方，選び方は全部で何通りありますか。

1つ8〔16点〕

❶ 3つのおはじきを左から順に並べる並べ方

❷ 3つのおはじきを選ぶ選び方

（　　　　　　　　）　　　　　　　　（　　　　　　　　）

4 次の量を，〔　〕の中の単位で表しましょう。

1つ6〔36点〕

❶ 165cm〔m〕　　　　❷ 2.8kg〔g〕　　　　❸ 850m²〔a〕

（　　　　　）　　　　（　　　　　）　　　　（　　　　　）

❹ 0.86km²〔ha〕　　　❺ 6.5dL〔cm³〕　　　❻ 560000cm³〔m³〕

（　　　　　）　　　　（　　　　　）　　　　（　　　　　）

チェック ☑
□ 比例，反比例について，確認できたかな？
□ 場合の数，量の単位について，確認できたかな？

答えとてびき

全教科書対応

数と計算 **6**年

使い方

まちがえた問題は，もういちどよく読んで，なぜまちがえたのかを考えましょう。正しい答えを知るだけでなく，なぜそうなるかを考えることが大切です。

---

1 文字と式

2ページ 基本のワーク

☆ ❶ x　　　　　　　　　　答え $x×8$

❷ 値，16，3.5，28，4，40，5

答え

縦 x(cm)	2	3.5	4	5
面積(cm²)	16	28	32	40

❶ ❶ $x×7$(cm²)　　❷ 42 cm²

❸ 38.5 cm²　　❹ 7 cm

3ページ 基本のワーク

☆ ❶ x，80，y　　　　答え $x×4+80=y$

❷ 130，600　　　　　　答え 600

❸ 153，692，696，
155，700，155　　　　答え 155

❶ ❶ $x×2×3.14=y$ （$x×6.28=y$）

❷ 25.12

❸ 7

❷ ❶ $x+800=y$

❷ $208-x=y$

❸ $x×14+70=y$

てびき ❶ ❸ x の値が 6 のとき 37.68，x の値が 7 のとき 43.96，x の値が 8 のとき 50.24

4ページ まとめのテスト❶

1 ❶ $48-x$(ページ)　　❷ 19 ページ

2 ❶ $150×x=y$　　❷ 3750　　❸ 42

3 ❶ $x×3.14=y$　　❷ 23.55　　❸ 35

4 ❶ ⑰　　❷ ⑦　　❸ ㉑　　❹ ⑦

5 ❶ 1.9　　❷ 3

てびき **5** ❶ $x=5-3.1=1.9$
❷ $x=24÷8=3$

5ページ まとめのテスト❷

1 ❶ $85×a+170$(g)　　❷ 935g　　❸ 1190g

2 ❶ $a×2+b×2=28$
〔$a+b=14$，$(a+b)×2=28$〕

❷ 7.6

3 ❶ $x×y=36$　　❷ 4.8　　❸ 2.4

4 ❶ ⑰　　❷ ⑦　　❸ ⑦　　❹ ㉑

5 ❶ 14　　❷ 27

---

2 分数のかけ算 (1)

6ページ 基本のワーク

☆ ❶ $\dfrac{2×2}{7}$，$\dfrac{4}{7}$　　　　答え $\dfrac{4}{7}$

❷ $\dfrac{9×\overset{1}{2}}{\underset{4}{8}}$，$\dfrac{9}{4}\left(2\dfrac{1}{4}\right)$　　答え $\dfrac{9}{4}\left(2\dfrac{1}{4}\right)$

❶ ❶ $\dfrac{1×3}{4}$，$\dfrac{3}{4}$　　❷ $\dfrac{5×\overset{4}{8}}{\underset{3}{6}}$，$\dfrac{20}{3}\left(6\dfrac{2}{3}\right)$

❷ ❶ $\dfrac{4}{5}$　　❷ $\dfrac{5}{6}$　　❸ $\dfrac{18}{7}\left(2\dfrac{4}{7}\right)$

❹ $\dfrac{15}{8}\left(1\dfrac{7}{8}\right)$　　❺ $\dfrac{24}{5}\left(4\dfrac{4}{5}\right)$　　❻ $\dfrac{20}{9}\left(2\dfrac{2}{9}\right)$

❸ ❶ $\dfrac{2}{3}$　　❷ $\dfrac{2}{3}$　　❸ $\dfrac{4}{5}$

④ $\dfrac{15}{4}\left(3\dfrac{3}{4}\right)$　⑤ $\dfrac{6}{5}\left(1\dfrac{1}{5}\right)$　⑥ $\dfrac{25}{6}\left(4\dfrac{1}{6}\right)$

⑦ 6　⑧ $\dfrac{21}{2}\left(10\dfrac{1}{2}\right)$　⑨ $\dfrac{27}{2}\left(13\dfrac{1}{2}\right)$

③ 3　　⋯ $\dfrac{1}{30}$　　　　　④ $\dfrac{1}{}$　⋯　$\dfrac{1}{}$

② ① $\dfrac{4}{105}$　② $\dfrac{3}{20}$　③ $\dfrac{25}{44}$

④ $\dfrac{4}{9}$　⑤ 2　⑥ $\dfrac{1}{3}$

⑦ $\dfrac{6}{5}\left(1\dfrac{1}{5}\right)$　⑧ 4

---

7 ページ　基本のワーク

☆ ① $\dfrac{4}{5}$, $\dfrac{8}{15}$　　　　　　　答え $\dfrac{8}{15}$

② 2, 2, $\dfrac{10}{11}$　　　　　　　答え $\dfrac{10}{11}$

① ① $\dfrac{3}{5}$, $\dfrac{9}{20}$　② 5　$\dfrac{20}{21}$, 3,

③ $\dfrac{7}{4}$, $\dfrac{35}{36}$　④ $\dfrac{3}{1}$, $\dfrac{21}{5}\left(4\dfrac{1}{5}\right)$

② ① $\dfrac{1}{42}$　② $\dfrac{10}{27}$　③ $\dfrac{35}{24}\left(1\dfrac{11}{24}\right)$

④ $\dfrac{16}{63}$　⑤ $\dfrac{32}{45}$　⑥ $\dfrac{35}{36}$

⑦ $\dfrac{33}{4}\left(8\dfrac{1}{4}\right)$　⑧ $\dfrac{42}{5}\left(8\dfrac{2}{5}\right)$　⑨ $\dfrac{8}{7}\left(1\dfrac{1}{7}\right)$

たしかめよう!

分数×分数　$\dfrac{b}{a}\times\dfrac{d}{c}=\dfrac{b\times d}{a\times c}$

---

8 ページ　基本のワーク

☆ 3, $\dfrac{8}{21}$　　　　　　　　答え $\dfrac{8}{21}$

① ① 2, $\dfrac{5}{8}$　② 2, $\dfrac{3}{16}$　③ 4, $\dfrac{28}{27}\left(1\dfrac{1}{27}\right)$

④ 4, $\dfrac{16}{5}\left(3\dfrac{1}{5}\right)$　⑤ 9, 6

② ① $\dfrac{3}{7}$　② $\dfrac{7}{24}$　③ $\dfrac{2}{7}$

④ $\dfrac{25}{6}\left(4\dfrac{1}{6}\right)$　⑤ $\dfrac{7}{9}$　⑥ $\dfrac{40}{21}\left(1\dfrac{19}{21}\right)$

⑦ $\dfrac{22}{3}\left(7\dfrac{1}{3}\right)$　⑧ $\dfrac{20}{3}\left(6\dfrac{2}{3}\right)$

---

9 ページ　基本のワーク

☆ $\dfrac{3}{2}$, $\dfrac{3}{4}$　　　　　　　答え $\dfrac{3}{4}$

① ① $\dfrac{2}{3}$, $\dfrac{2}{3}$　② 2, 4, $\dfrac{1}{8}$　③ 1, 7, $\dfrac{5}{7}$

④ $\dfrac{5}{8}$, $\dfrac{15}{8}\left(1\dfrac{7}{8}\right)$　⑤ $\dfrac{7}{3}$, $\dfrac{5}{3}$, $\dfrac{35}{9}\left(3\dfrac{8}{9}\right)$

② ① $\dfrac{1}{2}$　② $\dfrac{3}{8}$　③ $\dfrac{4}{3}\left(1\dfrac{1}{3}\right)$

④ $\dfrac{9}{2}\left(4\dfrac{1}{2}\right)$　⑤ $\dfrac{10}{21}$　⑥ 1

⑦ $\dfrac{21}{2}\left(10\dfrac{1}{2}\right)$　⑧ $\dfrac{25}{6}\left(4\dfrac{1}{6}\right)$

---

10 ページ　基本のワーク

☆ 7　$\dfrac{3}{}$, $\dfrac{9}{35}$　　　　　　答え $\dfrac{9}{35}$

① ① 1　$\dfrac{1}{3}$, $\dfrac{7}{30}$　② 2　$\dfrac{2}{3}$, $\dfrac{2}{15}$

---

11 ページ　基本のワーク

☆ 逆数

① $\dfrac{2}{3}$　　　　　　　　　　　答え $\dfrac{2}{3}$

② 9, $\dfrac{5}{9}$　　　　　　　　　　答え $\dfrac{5}{9}$

③ 3, $\dfrac{3}{10}$, $\dfrac{5}{3}\left(1\dfrac{2}{3}\right)$　　　答え $\dfrac{5}{3}\left(1\dfrac{2}{3}\right)$

① ① $\dfrac{5}{2}\left(2\dfrac{1}{2}\right)$　② $\dfrac{7}{6}\left(1\dfrac{1}{6}\right)$　③ 6

④ $\dfrac{8}{15}$　⑤ 11　⑥ $\dfrac{3}{5}$

⑦ $\dfrac{6}{13}$　⑧ $\dfrac{4}{15}$　⑨ $\dfrac{1}{4}$

⑩ $\dfrac{1}{13}$　⑪ $\dfrac{10}{9}\left(1\dfrac{1}{9}\right)$　⑫ $\dfrac{5}{4}\left(1\dfrac{1}{4}\right)$

⑬ $\dfrac{25}{9}\left(2\dfrac{7}{9}\right)$　⑭ $\dfrac{4}{5}$

---

12 ページ　まとめのテスト①

1 ① $\dfrac{6}{7}$　② $\dfrac{30}{7}\left(4\dfrac{2}{7}\right)$　③ $\dfrac{27}{32}$

④ $\dfrac{22}{45}$　⑤ $\dfrac{5}{14}$　⑥ $\dfrac{9}{11}$

⑦ $\dfrac{4}{45}$　⑧ $\dfrac{45}{14}\left(3\dfrac{3}{14}\right)$

2 ① $\dfrac{2}{3}$　② $\dfrac{14}{3}\left(4\dfrac{2}{3}\right)$　③ $\dfrac{1}{6}$

④ $\dfrac{45}{26}\left(1\dfrac{19}{26}\right)$　⑤ $\dfrac{3}{2}\left(1\dfrac{1}{2}\right)$　⑥ $\dfrac{1}{8}$

⑦ $\dfrac{75}{28}\left(2\dfrac{19}{28}\right)$　⑧ $\dfrac{44}{15}\left(2\dfrac{14}{15}\right)$

3 ① $\dfrac{15}{4}\left(3\dfrac{3}{4}\right)$　② $\dfrac{50}{3}\left(16\dfrac{2}{3}\right)$　③ $\dfrac{21}{20}\left(1\dfrac{1}{20}\right)$

④ $\dfrac{25}{6}\left(4\dfrac{1}{6}\right)$　⑤ $\dfrac{1}{4}$　⑥ $\dfrac{3}{2}\left(1\dfrac{1}{2}\right)$

4 ① $\dfrac{8}{7}\left(1\dfrac{1}{7}\right)$　② 9

③ $\dfrac{1}{6}$　④ $\dfrac{5}{2}\left(2\dfrac{1}{2}\right)$

---

13 ページ　まとめのテスト②

1 ① $\dfrac{8}{9}$　② $\dfrac{48}{5}\left(9\dfrac{3}{5}\right)$　③ $\dfrac{32}{45}$

④ $\dfrac{65}{42}\left(1\dfrac{23}{42}\right)$　⑤ $\dfrac{7}{24}$　⑥ $\dfrac{15}{13}\left(1\dfrac{2}{13}\right)$

⑦ $\dfrac{9}{40}$　⑧ $\dfrac{15}{32}$

2 ① $\frac{5}{2}\left(2\frac{1}{2}\right)$ ② $\frac{3}{5}$ ③ $\frac{1}{10}$
④ $\frac{33}{32}\left(1\frac{1}{32}\right)$ ⑤ $\frac{51}{20}\left(2\frac{11}{20}\right)$ ⑥ $\frac{10}{9}\left(1\frac{1}{9}\right)$
⑦ $\frac{10}{21}$ ⑧ $\frac{15}{2}\left(7\frac{1}{2}\right)$

3 ① $\frac{14}{3}\left(4\frac{2}{3}\right)$ ② $\frac{64}{3}\left(21\frac{1}{3}\right)$ ③ $\frac{25}{9}\left(2\frac{7}{9}\right)$
④ $\frac{9}{4}\left(2\frac{1}{4}\right)$ ⑤ $\frac{3}{2}\left(1\frac{1}{2}\right)$ ⑥ 2

4 ① $\frac{4}{9}$ ② $\frac{7}{17}$ ③ $\frac{1}{12}$ ④ $\frac{25}{27}$

3 分数のかけ算(2)

14ページ 基本のワーク

☆ ① 5, $\frac{5\times4}{3}$, $\frac{20}{3}\left(6\frac{2}{3}\right)$ 答え $\frac{20}{3}\left(6\frac{2}{3}\right)$
② 7, 7, $\frac{5}{8}$ 答え $\frac{5}{8}$

① ① 7, $\frac{7\times5}{4}$, $\frac{35}{4}\left(8\frac{3}{4}\right)$
② 11, $\frac{11}{2}$, $\frac{11}{2}\left(5\frac{1}{2}\right)$
③ 9, $\frac{3}{9}$ 5, $\frac{15}{2}\left(7\frac{1}{2}\right)$
④ 20, $\frac{5}{20}$ 5, $\frac{25}{6}\left(4\frac{1}{6}\right)$

② ① $\frac{15}{2}\left(7\frac{1}{2}\right)$ ② $\frac{11}{2}\left(5\frac{1}{2}\right)$ ③ $\frac{166}{5}\left(33\frac{1}{5}\right)$
④ $\frac{62}{3}\left(20\frac{2}{3}\right)$ ⑤ $\frac{26}{21}\left(1\frac{5}{21}\right)$ ⑥ $\frac{35}{12}\left(2\frac{11}{12}\right)$

15ページ 基本のワーク

☆ 15, 6, $\frac{3}{15}$, $\frac{3}{6}$, $\frac{9}{2}\left(4\frac{1}{2}\right)$ 答え $\frac{9}{2}\left(4\frac{1}{2}\right)$

① ① 3, 9, 3, 9, $\frac{27}{8}\left(3\frac{3}{8}\right)$
② 8, 9, $\frac{3}{8}$ 9, $\frac{24}{7}\left(3\frac{3}{7}\right)$

② ① $\frac{77}{9}\left(8\frac{5}{9}\right)$ ② $\frac{96}{35}\left(2\frac{26}{35}\right)$ ③ $\frac{39}{4}\left(9\frac{3}{4}\right)$
④ $\frac{95}{16}\left(5\frac{15}{16}\right)$ ⑤ 15 ⑥ $\frac{15}{2}\left(7\frac{1}{2}\right)$
⑦ $\frac{36}{5}\left(7\frac{1}{5}\right)$ ⑧ $\frac{15}{4}\left(3\frac{3}{4}\right)$ ⑨ $\frac{80}{9}\left(8\frac{8}{9}\right)$
⑩ $\frac{56}{9}\left(6\frac{2}{9}\right)$

16ページ 基本のワーク

☆ $\frac{15}{14}$, $\frac{15}{2}$, 6, $\frac{18}{25}$ 答え $\frac{18}{25}$

① ① $\frac{8}{3}$, $\frac{2}{8}$, $\frac{12}{5}\left(2\frac{2}{5}\right)$ ② $\frac{9}{5}$, $\frac{9}{5}$, 18
② ① $\frac{3}{2}\left(1\frac{1}{2}\right)$ ② $\frac{18}{5}\left(3\frac{3}{5}\right)$ ③ 1

④ $\frac{21}{2}\left(10\frac{1}{2}\right)$ ⑤ 1 ⑥ 30

17ページ 基本のワーク

☆ ① $\frac{1}{7}$, $\frac{10}{3}$, $\frac{1}{7}$, $\frac{1}{7}$ 答え $\frac{1}{7}$
② $\frac{8}{3}$, $\frac{8}{3}$, $\frac{16}{7}$, $\frac{9}{7}\left(1\frac{2}{7}\right)$ 答え $\frac{9}{7}\left(1\frac{2}{7}\right)$

① ① $\frac{2}{15}$, $\frac{1}{3}$, $\frac{1}{3}$, $\frac{1}{3}$ ② $\frac{5}{6}$, $\frac{3}{4}$, 10, 1
③ $\frac{1}{5}$, 4, $\frac{1}{5}$, $\frac{4}{5}$

② ① $\frac{1}{4}$ ② 7 ③ 5
④ 1 ⑤ 7 ⑥ $\frac{7}{12}$
⑦ $\frac{3}{8}$ ⑧ $\frac{10}{3}\left(3\frac{1}{3}\right)$

18ページ まとめのテスト①

1 ① $\frac{14}{15}$ ② $\frac{6}{7}$ ③ $\frac{51}{10}\left(5\frac{1}{10}\right)$
④ $\frac{88}{15}\left(5\frac{13}{15}\right)$ ⑤ $\frac{27}{2}\left(13\frac{1}{2}\right)$ ⑥ $\frac{15}{2}\left(7\frac{1}{2}\right)$
⑦ $\frac{32}{5}\left(6\frac{2}{5}\right)$ ⑧ 14 ⑨ $\frac{51}{4}\left(12\frac{3}{4}\right)$
⑩ $\frac{123}{4}\left(30\frac{3}{4}\right)$

2 ① $\frac{21}{4}\left(5\frac{1}{4}\right)$ ② $\frac{1}{6}$ ③ 5 ④ 15

3 ① $\frac{2}{11}$ ② 26 ③ 13 ④ $\frac{3}{2}\left(1\frac{1}{2}\right)$

19ページ まとめのテスト②

1 ① $\frac{65}{24}\left(2\frac{17}{24}\right)$ ② $\frac{38}{3}\left(12\frac{2}{3}\right)$ ③ 6
④ $\frac{21}{8}\left(2\frac{5}{8}\right)$ ⑤ 2 ⑥ $\frac{85}{8}\left(10\frac{5}{8}\right)$
⑦ $\frac{28}{3}\left(9\frac{1}{3}\right)$ ⑧ $\frac{15}{2}\left(7\frac{1}{2}\right)$ ⑨ $\frac{44}{3}\left(14\frac{2}{3}\right)$
⑩ $\frac{205}{4}\left(51\frac{1}{4}\right)$

2 ① $\frac{3}{2}\left(1\frac{1}{2}\right)$ ② 1 ③ 1 ④ 3

3 ① 1 ② $\frac{7}{3}\left(2\frac{1}{3}\right)$ ③ 2 ④ 30

4 分数のわり算(1)

20ページ 基本のワーク

☆ ① $\frac{3}{4\times8}$, $\frac{3}{32}$ 答え $\frac{3}{32}$
② $\frac{8}{7\times2}$, $\frac{4}{7}$ 答え $\frac{4}{7}$

① ❶ $\frac{5}{3\times4}$, $\frac{5}{12}$ ❷ $\frac{\overset{4}{8}}{9\times\underset{3}{6}}$, $\frac{4}{27}$

② ❶ $\frac{1}{25}$ ❷ $\frac{5}{18}$ ❸ $\frac{11}{72}$ ❹ $\frac{7}{24}$ ❺ $\frac{9}{28}$ ❻ $\frac{13}{50}$

③ ❶ $\frac{1}{10}$ ❷ $\frac{1}{12}$ ❸ $\frac{5}{9}$ ❹ $\frac{3}{10}$ ❺ $\frac{1}{11}$
❻ $\frac{1}{12}$ ❼ $\frac{3}{26}$ ❽ $\frac{2}{45}$ ❾ $\frac{3}{32}$

21 ページ 基本のワーク

☆ ❶ 逆数, $\frac{7}{3}$, $\frac{7}{3}$, $\frac{14}{15}$ 　　答え $\frac{14}{15}$
❷ 5, $\frac{7}{4}$, 4, $\frac{35}{4}\left(8\frac{3}{4}\right)$ 　　答え $\frac{35}{4}\left(8\frac{3}{4}\right)$

① ❶ $\frac{5}{1}$, 5, $\frac{5}{6}$ ❷ $\frac{5}{7}$, 5, $\frac{20}{63}$
❸ $\frac{3}{8}$, 5, 8, $\frac{15}{32}$ ❹ 7, 7, 3, $\frac{28}{3}\left(9\frac{1}{3}\right)$

② ❶ $\frac{10}{27}$ ❷ $\frac{35}{18}\left(1\frac{17}{18}\right)$ ❸ $\frac{8}{35}$
❹ $\frac{21}{50}$ ❺ $\frac{20}{9}\left(2\frac{2}{9}\right)$ ❻ $\frac{63}{40}\left(1\frac{23}{40}\right)$
❼ $\frac{40}{7}\left(5\frac{5}{7}\right)$ ❽ $\frac{55}{2}\left(27\frac{1}{2}\right)$ ❾ 60

たしかめよう!
分数÷分数 $\dfrac{b}{a}\div\dfrac{d}{c}=\dfrac{b}{a}\times\dfrac{c}{d}=\dfrac{b\times c}{a\times d}$

22 ページ 基本のワーク

☆ かけ, $\frac{5}{4}$, 2, $\frac{5}{6}$ 　　答え $\frac{5}{6}$
① ❶ $\frac{4}{3}$, 2, $\frac{2}{3}$ ❷ $\frac{5}{6}$, 2, 3, $\frac{10}{21}$
❸ $\frac{9}{13}$, 3, $\frac{12}{13}$ ❹ $\frac{3}{2}$, 1, 2, 9

② ❶ $\frac{20}{21}$ ❷ $\frac{39}{10}\left(3\frac{9}{10}\right)$ ❸ $\frac{9}{44}$
❹ $\frac{15}{16}$ ❺ $\frac{52}{51}\left(1\frac{1}{51}\right)$ ❻ $\frac{14}{3}\left(4\frac{2}{3}\right)$
❼ 8 ❽ $\frac{18}{5}\left(3\frac{3}{5}\right)$

23 ページ 基本のワーク

☆ $\frac{9}{10}$, 4, 5, $\frac{12}{5}\left(2\frac{2}{5}\right)$ 　　答え $\frac{12}{5}\left(2\frac{2}{5}\right)$
① ❶ $\frac{3}{2}$, 3, $\frac{4}{3}\left(1\frac{1}{3}\right)$
❷ $\frac{6}{5}$, 3, 2, $\frac{4}{3}\left(1\frac{1}{3}\right)$
❸ $\frac{8}{15}$, 3, 5, $\frac{6}{5}\left(1\frac{1}{5}\right)$
❹ $\frac{15}{16}$, 5, 4, $\frac{9}{20}$
② ❶ $\frac{3}{2}\left(1\frac{1}{2}\right)$ ❷ $\frac{10}{21}$ ❸ $\frac{8}{3}\left(2\frac{2}{3}\right)$

❹ $\frac{35}{4}\left(8\frac{3}{4}\right)$ ❺ $\frac{1}{6}$ ❻ $\frac{3}{20}$
❼ $\frac{8}{5}\left(1\frac{3}{5}\right)$ ❽ $\frac{8}{9}$

24 ページ 基本のワーク

☆ $\frac{5}{1}$, $\frac{4}{3}$, $\frac{3}{2}$, $\frac{15}{2}\left(7\frac{1}{2}\right)$ 　　答え $\frac{15}{2}\left(7\frac{1}{2}\right)$
① ❶ $\frac{2}{1}$, $\frac{3}{10}$, 10, $\frac{3}{7}$
❷ $\frac{7}{6}$, $\frac{15}{8}$, 2, 2, $\frac{7}{4}\left(1\frac{3}{4}\right)$
② ❶ $\frac{175}{48}\left(3\frac{31}{48}\right)$ ❷ $\frac{100}{351}$ ❸ $\frac{5}{2}\left(2\frac{1}{2}\right)$
❹ $\frac{3}{2}\left(1\frac{1}{2}\right)$ ❺ 1 ❻ 2
❼ 7 ❽ $\frac{27}{2}\left(13\frac{1}{2}\right)$

25 ページ まとめのテスト❶

1 ❶ $\frac{15}{4}\left(3\frac{3}{4}\right)$ ❷ $\frac{10}{21}$ ❸ $\frac{18}{7}\left(2\frac{4}{7}\right)$
❹ $\frac{21}{10}\left(2\frac{1}{10}\right)$ ❺ $\frac{15}{14}\left(1\frac{1}{14}\right)$ ❻ $\frac{2}{3}$
❼ $\frac{3}{2}\left(1\frac{1}{2}\right)$ ❽ $\frac{5}{6}$ ❾ $\frac{21}{40}$
❿ $\frac{15}{28}$

2 ❶ $\frac{20}{3}\left(6\frac{2}{3}\right)$ ❷ $\frac{2}{21}$ ❸ 15
❹ $\frac{2}{7}$ ❺ $\frac{45}{4}\left(11\frac{1}{4}\right)$ ❻ $\frac{4}{21}$

3 ❶ $\frac{3}{5}$ ❷ $\frac{27}{4}\left(6\frac{3}{4}\right)$
❸ $\frac{5}{6}$ ❹ 5

26 ページ まとめのテスト❷

1 ❶ $\frac{25}{8}\left(3\frac{1}{8}\right)$ ❷ $\frac{3}{10}$ ❸ $\frac{3}{5}$
❹ $\frac{12}{35}$ ❺ $\frac{26}{27}$ ❻ $\frac{4}{5}$ ❼ $\frac{4}{5}$
❽ $\frac{4}{9}$ ❾ 6 ❿ $\frac{25}{24}\left(1\frac{1}{24}\right)$

2 ❶ $\frac{18}{5}\left(3\frac{3}{5}\right)$ ❷ $\frac{4}{35}$ ❸ 14
❹ $\frac{2}{11}$ ❺ $\frac{44}{3}\left(14\frac{2}{3}\right)$ ❻ $\frac{3}{20}$

3 ❶ 1 ❷ $\frac{6}{13}$ ❸ $\frac{1}{30}$ ❹ $\frac{1}{121}$

27ページ まとめのテスト❸

1
① $\dfrac{54}{35}\left(1\dfrac{19}{35}\right)$ 　② $\dfrac{11}{9}\left(1\dfrac{2}{9}\right)$ 　③ $\dfrac{16}{7}\left(2\dfrac{2}{7}\right)$
④ $\dfrac{45}{44}\left(1\dfrac{1}{44}\right)$ 　⑤ $\dfrac{44}{51}$ 　⑥ $\dfrac{2}{3}$
⑦ $\dfrac{4}{5}$ 　⑧ $\dfrac{5}{4}\left(1\dfrac{1}{4}\right)$
⑨ $\dfrac{15}{4}\left(3\dfrac{3}{4}\right)$ 　⑩ $\dfrac{8}{15}$

2
① $\dfrac{15}{2}\left(7\dfrac{1}{2}\right)$ 　② $\dfrac{1}{22}$ 　③ 10
④ $\dfrac{2}{15}$ 　⑤ 12 　⑥ $\dfrac{2}{45}$

3
① $\dfrac{27}{64}$ 　② $\dfrac{1}{7}$ 　③ 2 　④ $\dfrac{1}{15}$

---

5 分数のわり算(2)

28ページ 基本のワーク

☆ ① $12,\ 5,\ 8,\ \dfrac{3}{10}$ 　答え $\dfrac{3}{10}$
② $5,\ 5,\ \dfrac{3}{2},\ 2,\ \dfrac{5}{2}\left(2\dfrac{1}{2}\right)$ 　答え $\dfrac{5}{2}\left(2\dfrac{1}{2}\right)$

① ① $10,\ 3,\ 10,\ \dfrac{5}{3}\left(1\dfrac{2}{3}\right)$
② $21,\ 21,\ \dfrac{4}{9},\ \dfrac{7}{2},\ \dfrac{7}{6}\left(1\dfrac{1}{6}\right)$

② ① $\dfrac{13}{15}$ 　② $\dfrac{23}{24}$ 　③ $\dfrac{47}{36}\left(1\dfrac{11}{36}\right)$
④ $\dfrac{77}{60}\left(1\dfrac{17}{60}\right)$ 　⑤ $\dfrac{36}{7}\left(5\dfrac{1}{7}\right)$ 　⑥ $\dfrac{44}{9}\left(4\dfrac{8}{9}\right)$
⑦ $\dfrac{4}{3}\left(1\dfrac{1}{3}\right)$ 　⑧ $\dfrac{9}{2}\left(4\dfrac{1}{2}\right)$

29ページ 基本のワーク

☆ $15,\ \dfrac{7}{15},\ 5,\ \dfrac{7}{25}$ 　答え $\dfrac{7}{25}$

① ① $10,\ \dfrac{3}{10},\ 10,\ \dfrac{9}{40}$
② $21,\ \dfrac{8}{21},\ 2,\ \dfrac{6}{7}$
③ $16,\ \dfrac{5}{16},\ 8,\ \dfrac{15}{8}\left(1\dfrac{7}{8}\right)$

② ① $\dfrac{7}{45}$ 　② $\dfrac{32}{9}\left(3\dfrac{5}{9}\right)$ 　③ $\dfrac{5}{28}$
④ $\dfrac{7}{4}\left(1\dfrac{3}{4}\right)$ 　⑤ $\dfrac{9}{26}$ 　⑥ $\dfrac{15}{2}\left(7\dfrac{1}{2}\right)$
⑦ $\dfrac{1}{12}$ 　⑧ $\dfrac{10}{9}\left(1\dfrac{1}{9}\right)$

30ページ 基本のワーク

☆ $5,\ 13,\ 5,\ \dfrac{6}{13},\ 2,\ \dfrac{10}{13}$ 　答え $\dfrac{10}{13}$

① ① $9,\ 7,\ 9,\ \dfrac{5}{7},\ 5,\ \dfrac{45}{28}\left(1\dfrac{17}{28}\right)$
② $14,\ 35,\ 14,\ \dfrac{24}{35},\ 3,\ 8,\ 5,\ \dfrac{16}{15}\left(1\dfrac{1}{15}\right)$

② ① $\dfrac{48}{25}\left(1\dfrac{23}{25}\right)$ 　② $\dfrac{35}{33}\left(1\dfrac{2}{33}\right)$ 　③ $\dfrac{4}{7}$
④ $\dfrac{44}{45}$ 　⑤ $\dfrac{3}{2}\left(1\dfrac{1}{2}\right)$ 　⑥ $\dfrac{2}{3}$
⑦ $\dfrac{6}{5}\left(1\dfrac{1}{5}\right)$ 　⑧ $\dfrac{9}{10}$ 　⑨ $\dfrac{63}{32}\left(1\dfrac{31}{32}\right)$
⑩ $\dfrac{15}{14}\left(1\dfrac{1}{14}\right)$

31ページ 基本のワーク

☆ $7,\ 7,\ \dfrac{10}{9},\ \dfrac{6}{7},\ \dfrac{2}{3},\ 2,\ \dfrac{4}{3}\left(1\dfrac{1}{3}\right)$ 　答え $\dfrac{4}{3}\left(1\dfrac{1}{3}\right)$

① ① $9,\ 9,\ \dfrac{1}{3},\ \dfrac{5}{6},\ \dfrac{5}{8}$
② $25,\ 21,\ 15,\ 25,\ \dfrac{8}{21},\ \dfrac{7}{15},\ \dfrac{5}{3},\ \dfrac{2}{3},\ \dfrac{10}{27}$

② ① $\dfrac{75}{56}\left(1\dfrac{19}{56}\right)$ 　② $\dfrac{20}{63}$ 　③ 3 　④ $\dfrac{1}{3}$
⑤ $\dfrac{4}{3}\left(1\dfrac{1}{3}\right)$ 　⑥ $\dfrac{8}{9}$

32ページ まとめのテスト❶

1
① $\dfrac{9}{4}\left(2\dfrac{1}{4}\right)$ 　② $\dfrac{7}{12}$ 　③ $\dfrac{12}{7}\left(1\dfrac{5}{7}\right)$
④ $\dfrac{2}{5}$ 　⑤ $\dfrac{3}{2}\left(1\dfrac{1}{2}\right)$ 　⑥ $\dfrac{25}{56}$
⑦ $\dfrac{30}{7}\left(4\dfrac{2}{7}\right)$ 　⑧ $\dfrac{27}{7}\left(3\dfrac{6}{7}\right)$
⑨ $\dfrac{1}{3}$ 　⑩ $\dfrac{5}{12}$

2
① $\dfrac{21}{22}$ 　② $\dfrac{3}{2}\left(1\dfrac{1}{2}\right)$
③ $\dfrac{5}{6}$ 　④ $\dfrac{28}{27}\left(1\dfrac{1}{27}\right)$

3
① $\dfrac{2}{15}$ 　② $\dfrac{2}{3}$ 　③ $\dfrac{3}{7}$ 　④ $\dfrac{5}{18}$

33ページ まとめのテスト❷

1
① $\dfrac{77}{45}\left(1\dfrac{32}{45}\right)$ 　② $\dfrac{13}{24}$ 　③ $\dfrac{69}{4}\left(17\dfrac{1}{4}\right)$
④ $\dfrac{13}{18}$ 　⑤ $\dfrac{2}{3}$ 　⑥ $\dfrac{8}{21}$
⑦ $\dfrac{24}{17}\left(1\dfrac{7}{17}\right)$ 　⑧ 6

⑨ $\dfrac{3}{14}$　⑩ $\dfrac{15}{16}$

2 ❶ 2　❷ $\dfrac{27}{25}\left(1\dfrac{2}{25}\right)$

❸ $\dfrac{35}{48}$　❹ $\dfrac{8}{15}$

3 ❶ $\dfrac{20}{7}\left(2\dfrac{6}{7}\right)$　❷ 1

❸ $\dfrac{5}{28}$　❹ 2

6 分数のいろいろな計算

34 ページ　基本のワーク

☆ $\dfrac{7}{6}$, $\dfrac{6}{7}$, $\dfrac{4}{3}\left(1\dfrac{1}{3}\right)$　　答え $\dfrac{4}{3}\left(1\dfrac{1}{3}\right)$

❶ ❶ 3, 2, $\dfrac{2}{15}$　❷ 15, $\dfrac{2}{5}$, $\dfrac{3}{2}$, $\dfrac{9}{10}$

❸ 8, 25, 5, 4, $\dfrac{3}{5}$, $\dfrac{12}{5}\left(2\dfrac{2}{5}\right)$

❷ ❶ $\dfrac{2}{5}$　❷ $\dfrac{7}{5}\left(1\dfrac{2}{5}\right)$　❸ $\dfrac{5}{21}$

❹ $\dfrac{1}{6}$　❺ $\dfrac{1}{5}$　❻ $\dfrac{2}{5}$

❼ $\dfrac{3}{2}\left(1\dfrac{1}{2}\right)$　❽ 2

35 ページ　基本のワーク

☆ ❶ 4, 2, $\dfrac{1}{2}$, 1　　答え 1

❷ 11, 15, 4, 11, $\dfrac{11}{12}$, 2, 2　　答え 2

❶ ❶ 2, $\dfrac{3}{10}$, $\dfrac{35}{30}$, 9, $\dfrac{26}{15}$, $\dfrac{13}{15}$

❷ 6, $\dfrac{11}{12}$, 11, 12, 5, $\dfrac{11}{10}\left(1\dfrac{1}{10}\right)$

❷ ❶ $\dfrac{1}{15}$　❷ $\dfrac{1}{2}$　❸ $\dfrac{3}{8}$　❹ $\dfrac{25}{7}\left(3\dfrac{4}{7}\right)$

❺ $\dfrac{7}{10}$

36 ページ　まとめのテスト❶

1 ❶ $\dfrac{1}{5}$　❷ 3　❸ $\dfrac{3}{4}$　❹ $\dfrac{2}{3}$　❺ $\dfrac{9}{2}\left(4\dfrac{1}{2}\right)$

❻ $\dfrac{1}{2}$　❼ $\dfrac{3}{2}\left(1\dfrac{1}{2}\right)$　❽ $\dfrac{3}{2}\left(1\dfrac{1}{2}\right)$

2 ❶ $\dfrac{13}{60}$　❷ $\dfrac{3}{10}$　❸ 5　❹ 2

❺ $\dfrac{9}{5}\left(1\dfrac{4}{5}\right)$　❻ $\dfrac{13}{6}\left(2\dfrac{1}{6}\right)$

37 ページ　まとめのテスト❷

1 ❶ $\dfrac{1}{5}$　❷ $\dfrac{3}{2}\left(1\dfrac{1}{2}\right)$　❸ $\dfrac{3}{10}$　❹ $\dfrac{5}{3}\left(1\dfrac{2}{3}\right)$

❺ 1　❻ $\dfrac{2}{3}$　❼ $\dfrac{1}{2}$　❽ 1

---

2 ❶ $\dfrac{13}{10}\left(1\dfrac{3}{10}\right)$　❷ $\dfrac{33}{35}$　❸ $\dfrac{7}{6}\left(1\dfrac{1}{6}\right)$

❹ $\dfrac{17}{7}\left(2\dfrac{3}{7}\right)$　❺ $\dfrac{3}{10}$　❻ $\dfrac{1}{6}$

7 分数，小数，整数の計算

38 ページ　基本のワーク

☆ ❶ 12, 49, 2, 7, $\dfrac{15}{14}\left(1\dfrac{1}{14}\right)$　答え $\dfrac{15}{14}\left(1\dfrac{1}{14}\right)$

❷ 6, 10, 25, 21, $\dfrac{2}{15}$　　答え $\dfrac{2}{15}$

❶ ❶ 12, 15, 5, $\dfrac{1}{20}$

❷ 12, 4, 3, 9, $\dfrac{17}{12}\left(1\dfrac{5}{12}\right)$

❷ ❶ 16　❷ $\dfrac{1}{10}$　❸ $\dfrac{9}{8}\left(1\dfrac{1}{8}\right)$

❹ $\dfrac{6}{5}\left(1\dfrac{1}{5}\right)$　❺ $\dfrac{20}{3}\left(6\dfrac{2}{3}\right)$　❻ $\dfrac{8}{27}$

❼ $\dfrac{5}{24}$　❽ $\dfrac{7}{4}\left(1\dfrac{3}{4}\right)$

てびき

❷ ❽ $14 \div 24 + 21 \div 18$

$= 14 \times \dfrac{1}{24} + 21 \times \dfrac{1}{18}$

$= \dfrac{14}{24} + \dfrac{21}{18} = \dfrac{7}{12} + \dfrac{7}{6} = \dfrac{7}{12} + \dfrac{14}{12} = \dfrac{21}{12} = \dfrac{7}{4}$

39 ページ　基本のワーク

☆ ❶ 3, 3, $\dfrac{2}{3}$　　答え $\dfrac{2}{3}$

❷ 10, 13, 2, 100, 3, 4, $\dfrac{26}{3}\left(8\dfrac{2}{3}\right)$　答え $\dfrac{26}{3}\left(8\dfrac{2}{3}\right)$

❶ ❶ 10, 5, 12, 18, 5, $\dfrac{3}{2}\left(1\dfrac{1}{2}\right)$

❷ 10, 100, 100, 10, 49, $\dfrac{30}{7}\left(4\dfrac{2}{7}\right)$

❷ ❶ $\dfrac{3}{4}$　❷ $\dfrac{8}{3}\left(2\dfrac{2}{3}\right)$　❸ $\dfrac{5}{3}\left(1\dfrac{2}{3}\right)$

❹ $\dfrac{2}{75}$　❺ $\dfrac{8}{5}\left(1\dfrac{3}{5}\right)$　❻ $\dfrac{3}{20}$

❼ $\dfrac{15}{4}\left(3\dfrac{3}{4}\right)$　❽ $\dfrac{21}{10}\left(2\dfrac{1}{10}\right)$

てびき

❷ ❻ $0.625 = \dfrac{625}{1000} = \dfrac{5}{8}$ だから，

$0.625 \div 4\dfrac{1}{6} = \dfrac{5}{8} \div \dfrac{25}{6} = \dfrac{5 \times 6}{8 \times 25} = \dfrac{3}{20}$

❽ $3.75 = \dfrac{375}{100} = \dfrac{15}{4}$ ，

$$0.56 = \frac{56}{100} = \frac{14}{25} \text{ だから、}$$

$$3.75 \times 0.56 = \frac{15 \times 14}{4 \times 25} = \frac{21}{10}$$

40ページ 基本のワーク

☆ $\frac{9}{100}$, $\frac{9}{25}$, 9, 10, 2, 2, $\frac{4}{3}\left(1\frac{1}{3}\right)$　　答え $\frac{4}{3}\left(1\frac{1}{3}\right)$

❶ ❶ $\frac{5}{100}$, $\frac{50}{10}$, 3, $\frac{15}{2}$, $\frac{15}{4}\left(3\frac{3}{4}\right)$
　❷ $\frac{4}{5}$, $\frac{3}{5}$, $\frac{3}{2}$, $\frac{4}{3}$, 3, 2

❷ ❶ $\frac{9}{8}\left(1\frac{1}{8}\right)$　❷ $\frac{1}{40}$　❸ $\frac{2}{3}$　❹ $\frac{5}{4}\left(1\frac{1}{4}\right)$
　❺ 1　❻ 4　❼ $\frac{1}{10}$　❽ 1

てびき
❷❽ $1.125 = \frac{1125}{1000} = \frac{9}{8}$,

$0.75 = \frac{75}{100} = \frac{3}{4}$, $1.5 = \frac{15}{10} = \frac{3}{2}$ だから、

$1.125 \div 0.75 \div 1.5 = \frac{9}{8} \div \frac{3}{4} \div \frac{3}{2}$

$= \frac{9 \times 4 \times 2}{8 \times 3 \times 3} = 1$

41ページ 基本のワーク

☆ $\frac{3}{2}$, $\frac{3}{7}$, 4, $\frac{3}{7}$, 3, $\frac{3}{7}$, 2, $\frac{1}{2}$　　答え $\frac{1}{2}$

❶ ❶ $\frac{8}{4}$, $\frac{25}{3}$, 16, $\frac{8}{3}$, 8, $\frac{3}{5}$, $\frac{6}{5}\left(1\frac{1}{5}\right)$
　❷ $\frac{5}{5}$, $\frac{3}{4}$, 5, $\frac{3}{4}$

❷ ❶ $\frac{1}{3}$　❷ $\frac{4}{3}\left(1\frac{1}{3}\right)$　❸ $\frac{5}{12}$
　❹ $\frac{6}{5}\left(1\frac{1}{5}\right)$　❺ 1　❻ $\frac{5}{3}\left(1\frac{2}{3}\right)$
　❼ $\frac{1}{5}$　❽ $\frac{9}{20}$

てびき
❷❽ $0.9 = \frac{9}{10}$, $2.4 = \frac{24}{10} = \frac{12}{5}$,

$1.5 = \frac{3}{2}$ だから、

$0.9 \div 2.4 \div \left(1.5 - \frac{2}{3}\right)$

$$= \frac{9}{10} \div \frac{12}{5} \div \left(\frac{3}{2} - \frac{2}{3}\right) = \frac{9}{10} \times \frac{5}{12} \div \left(\frac{9}{6} - \frac{4}{6}\right)$$

$$= \frac{9}{10} \times \frac{5}{12} \div \frac{5}{6} = \frac{9 \times 5 \times 6}{10 \times 12 \times 5} = \frac{9}{20}$$

42ページ まとめのテスト❶

❶ ❶ 10　❷ $\frac{2}{15}$　❸ $\frac{4}{3}\left(1\frac{1}{3}\right)$　❹ $\frac{5}{6}$
　❺ $\frac{7}{4}\left(1\frac{3}{4}\right)$　❻ $\frac{4}{5}$

❷ ❶ $\frac{3}{4}$　❷ $\frac{8}{3}\left(2\frac{2}{3}\right)$　❸ $\frac{2}{3}$
　❹ $\frac{9}{5}\left(1\frac{4}{5}\right)$　❺ $\frac{1}{6}$　❻ 3
　❼ $\frac{1}{5}$　❽ $\frac{2}{3}$

❸ ❶ $\frac{4}{3}\left(1\frac{1}{3}\right)$　❷ $\frac{1}{2}$　❸ $\frac{1}{3}$　❹ $\frac{3}{2}\left(1\frac{1}{2}\right)$
　❺ $\frac{5}{4}\left(1\frac{1}{4}\right)$　❻ $\frac{20}{39}$

てびき
❷❽ $0.48 = \frac{48}{100} = \frac{12}{25}$,

$0.45 = \frac{45}{100} = \frac{9}{20}$ だから、

$0.48 \div \frac{8}{5} \div 0.45 = \frac{12}{25} \div \frac{8}{5} \div \frac{9}{20}$

$= \frac{12 \times 5 \times 20}{25 \times 8 \times 9} = \frac{2}{3}$

❸❻ $0.9 = \frac{9}{10}$, $1.3 = \frac{13}{10}$, $2.1 = \frac{21}{10}$ だから、

$0.9 \div 1.3 \div \left(2.1 - \frac{3}{4}\right)$

$= \frac{9}{10} \div \frac{13}{10} \div \left(\frac{21}{10} - \frac{3}{4}\right)$

$= \frac{9}{10} \div \frac{13}{10} \div \left(\frac{42}{20} - \frac{15}{20}\right)$

$= \frac{9}{10} \div \frac{13}{10} \div \frac{27}{20}$

$= \frac{9 \times 10 \times 20}{10 \times 13 \times 27} = \frac{20}{39}$

43ページ まとめのテスト❷

❶ ❶ $\frac{8}{3}\left(2\frac{2}{3}\right)$　❷ $\frac{3}{8}$　❸ 1　❹ $\frac{4}{9}$
　❺ $\frac{9}{10}$　❻ $\frac{4}{5}$

7

2
① $\frac{3}{2}\left(1\frac{1}{2}\right)$　② $\frac{3}{20}$　③ $\frac{15}{8}\left(1\frac{7}{8}\right)$

④ $\frac{6}{5}\left(1\frac{1}{5}\right)$　⑤ $\frac{5}{7}$　⑥ 10

⑦ $\frac{1}{3}$　⑧ $\frac{2}{5}$

3
① $\frac{14}{15}$　② $\frac{8}{3}\left(2\frac{2}{3}\right)$　③ $\frac{2}{3}$

④ $\frac{3}{2}\left(1\frac{1}{2}\right)$　⑤ $\frac{5}{44}$　⑥ $\frac{7}{5}\left(1\frac{2}{5}\right)$

てびき

2 ⑧ $0.48=\dfrac{\overset{12}{\cancel{48}}}{\underset{25}{\cancel{100}}}=\dfrac{12}{25}$,

$2.25=\dfrac{\overset{9}{\cancel{225}}}{\underset{4}{\cancel{100}}}=\dfrac{9}{4}$ だから,

$0.48÷\dfrac{8}{15}÷2.25=\dfrac{12}{25}÷\dfrac{8}{15}÷\dfrac{9}{4}$

$=\dfrac{\overset{3}{\cancel{12}}×\overset{3}{\cancel{15}}×\overset{2}{\cancel{4}}}{\underset{5}{\cancel{25}}×\underset{2}{\cancel{8}}×\underset{3}{\cancel{9}}}=\dfrac{2}{5}$

3 ⑥ $1.2=\dfrac{\overset{6}{\cancel{12}}}{\underset{5}{\cancel{10}}}=\dfrac{6}{5}$, $0.5=\dfrac{\overset{1}{\cancel{5}}}{\underset{2}{\cancel{10}}}=\dfrac{1}{2}$,

$1.05=\dfrac{\overset{21}{\cancel{105}}}{\underset{20}{\cancel{100}}}=\dfrac{21}{20}$ だから,

$\left(1.2-\dfrac{8}{15}\right)÷0.5×1.05$

$=\left(\dfrac{6}{5}-\dfrac{8}{15}\right)÷\dfrac{1}{2}×\dfrac{21}{20}$

$=\left(\dfrac{18}{15}-\dfrac{8}{15}\right)÷\dfrac{1}{2}×\dfrac{21}{20}$

$=\dfrac{\overset{2}{\cancel{10}}}{15}÷\dfrac{1}{2}×\dfrac{21}{20}$

$=\dfrac{\overset{1}{\cancel{2}}×\overset{1}{\cancel{2}}×\overset{7}{\cancel{21}}}{\underset{1}{\cancel{3}}×\underset{1}{\cancel{1}}×\underset{10}{\cancel{20}}\underset{5}{}}=\dfrac{7}{5}\left(1\dfrac{2}{5}\right)$

8 割合と分数

基本のワーク

☆ $\dfrac{5}{6}$, $\dfrac{5}{6}$, $\dfrac{6}{5}$, 2　　答え $\dfrac{2}{5}$

① $\dfrac{5}{8}$, 2, 6　　答え $\dfrac{5}{6}$ 倍

② ① $\dfrac{8}{9}$　② $\dfrac{10}{9}\left(1\frac{1}{9}\right)$　③ $\dfrac{5}{21}$　④ $\dfrac{1}{6}$

⑤ $\dfrac{10}{3}\left(3\frac{1}{3}\right)$

基本のワーク

☆ $\dfrac{5}{6}$, 1250　　答え 1250

① $\dfrac{2}{5}$, 160, 320　　答え 320 円

② ① 40　② 72　③ 750　④ $\dfrac{3}{4}$

⑤ $\dfrac{9}{10}$

基本のワーク

☆ 《1》 $\dfrac{4}{3}$, 2, $\dfrac{5}{8}$　《2》 $\dfrac{4}{3}$, $\dfrac{5}{8}$　答え $\dfrac{5}{8}$

① $\dfrac{3}{2}$, $\dfrac{3}{2}$, $\dfrac{1}{2}$, $\dfrac{1}{6}$　　答え $\dfrac{1}{6}$

② ① 45　② 98　③ 3000　④ $\dfrac{6}{5}\left(1\frac{1}{5}\right)$

⑤ $\dfrac{4}{9}$

まとめのテスト

1 ① $\dfrac{15}{4}\left(3\frac{3}{4}\right)$　② 4　③ $\dfrac{4}{3}\left(1\frac{1}{3}\right)$

④ $\dfrac{12}{25}$

2 ① 112　② 750　③ $\dfrac{3}{4}$　④ $\dfrac{15}{28}$

3 ① $\dfrac{3}{10}$　② 750　③ $\dfrac{3}{2}\left(1\frac{1}{2}\right)$

④ $\dfrac{10}{9}\left(1\frac{1}{9}\right)$

9 時間, 速さと分数

基本のワーク

☆ ① 60, 60, 48　　答え 48

② 60, 60, 6, $\dfrac{6}{5}\left(1\frac{1}{5}\right)$　　答え $\dfrac{6}{5}\left(1\frac{1}{5}\right)$

① ① 60, 10, 10

② 60, 7, $\dfrac{7}{15}$, $\dfrac{7}{15}$

③ 60, 4, $\dfrac{4}{3}\left(1\frac{1}{3}\right)$, $\dfrac{4}{3}\left(1\frac{1}{3}\right)$

② ① 40　② 108　③ 105　④ 85

⑤ 15　⑥ 2, 2　⑦ 5　⑧ 6, 3

基本のワーク

☆ ① 12, 12, $\dfrac{24}{5}\left(4\frac{4}{5}\right)$　　答え $\dfrac{24}{5}\left(4\frac{4}{5}\right)$

② 15, 15, $\dfrac{68}{3}\left(22\frac{2}{3}\right)$　答え $\dfrac{68}{3}\left(22\frac{2}{3}\right)$

③ 200, 20, $\dfrac{1}{3}$　　答え $\dfrac{1}{3}$

① ❶ 時速 $\frac{48}{11}\left(4\frac{4}{11}\right)$km　❷ 分速 $\frac{5}{24}$km

❸ $\frac{490}{3}\left(163\frac{1}{3}\right)$m　❹ $\frac{200}{3}\left(66\frac{2}{3}\right)$km

❺ $\frac{2}{3}$ 時間　❻ 50 分　❼ 40 秒

てびき　**①** ❼ $10\div15=\frac{2}{3}$(分)，

$60\times\frac{2}{3}=40$(秒)

50 ページ　基本のワーク

☆ ❶ 5，330，330，2，20　　答え 2，20

❷ 4，4，414　　答え 414

① ❶ 時速 45km　❷ 分速 480m

❸ 2.6km　❹ 91km　❺ 1分24秒

❻ 1時間 35 分

てびき　**①** ❷ $1400\div2\frac{55}{60}=1400\div2\frac{11}{12}$

$=1400\div\frac{35}{12}=480$(m)

❹ $70\times1\frac{18}{60}=70\times1\frac{3}{10}=70\times\frac{13}{10}=91$(km)

❻ フェリーの時速は $90\div2.5=36$(km)だから，

$57\div36=\frac{19}{12}=1\frac{7}{12}$(時間)，

$60\times\frac{7}{12}=35$(分)

51 ページ　まとめのテスト

1 ❶ 80　❷ 25　❸ 15　❹ 2，15

❺ 19　❻ 3，24

2 ❶ 時速 24km　❷ 分速 4km

❸ 2250m　❹ 35km　❺ 40 分

❻ 25 秒

3 ❶ 1時間 40 分　❷ 2 時間 30 分

てびき　**3** ❷ 歩く人の時速は，

$13\div3\frac{15}{60}=13\div3\frac{1}{4}=13\div\frac{13}{4}=4$(km)

求める時間は，$10\div4=\frac{5}{2}=2\frac{1}{2}$(時間)，

$60\times\frac{1}{2}=30$(分)

10 円の面積

52 ページ　基本のワーク

☆ ❶ 3，3，28.26　　答え 28.26

❷ 4，4，50.24，50.24，12.56

答え 12.56

① ❶ 3.14cm²　❷ 78.5cm²　❸ 19.625cm²

❹ 379.94cm²　❺ 12.56m²　❻ 314m²

② ❶ 50.24cm²　❷ 76.93cm²　❸ 28.26cm²

③ ❶ 面積…38.465cm²　　長さ…21.98cm

❷ 面積…127.17cm²　　長さ…46.26cm

❸ 面積…113.04cm²　　長さ…42.84cm

てびき　**③** ❸ 半径 12cm の円全体の $\frac{1}{4}$ だから，面積は，$12\times12\times3.14\div4=113.04$(cm²)

まわりの長さは，

$(12\times2)\times3.14\div4+12\times2=42.84$(cm)

53 ページ　基本のワーク

☆ 4，4，4，4，2，12.56，8，4.56

答え 4.56

① ❶ 3.87cm²　❷ 150.72cm²

❸ 549.5cm²　❹ 9.12cm²

② ❶ 面積…12.56cm²　　長さ…25.12cm

❷ 面積…50.24cm²　　長さ…50.24cm

❸ 面積…7.74cm²　　長さ…18.84cm

てびき　**①** ❹ 色のついた部分の半分の面積は，

$4\times4\times3.14\div4-4\times4\div2=4.56$(cm²)

だから，求める面積は，

$4.56\times2=9.12$(cm²)

② ❷ 求める面積は，半径 8cm の半円－半径

6cm の半円＋半径 2cm の半円

$=8\times8\times3.14\div2-6\times6\times3.14\div2$

$+2\times2\times3.14\div2=50.24$(cm²)

求めるまわりの長さは，直径 16cm の半円＋

直径 12cm の半円＋直径 4cm の半円

$=16\times3.14\div2+12\times3.14\div2$

$+4\times3.14\div2=50.24$(cm)

❸ 求める面積は，正方形－$\frac{1}{4}$ の円×4

$6\times6-3\times3\times3.14\div4\times4=7.74$(cm²)

求めるまわりの長さは，

$\frac{1}{4}$ の円×4$=6\times3.14\div4\times4=18.84$(cm)

まとめのテスト❶

1 ❶ 50.24 cm² ❷ 254.34 m²
2 ❶ 面積…50.24 cm²　　長さ…28.56 cm
　 ❷ 面積…56.52 cm²　　長さ…30.84 cm
3 ❶ 84.78 cm² ❷ 57 cm²
4 ❶ 面積…100.48 cm²　　長さ…41.12 cm
　 ❷ 面積…5.375 cm²　　長さ…25.7 cm
5 78.5 cm²

てびき

3 ❶ $12×12×3.14÷2$
$-9×9×3.14÷2-3×3×3.14÷2$
$=84.78$（cm²）
❷ $10×10×3.14÷2-(10×2)×10÷2$
$=57$（cm²）
4 ❶ 求める面積は，
$12×12×3.14÷4-4×4×3.14÷4$
$=100.48$（cm²）
求めるまわりの長さは，
$24×3.14÷4+8×3.14÷4+8×2$
$=41.12$（cm）
❷ 求める面積は，
$5×5-2.5×2.5×3.14=5.375$（cm²）
求めるまわりの長さは，
$5×3.14+5×2=25.7$（cm）
5 円の直径の長さは，$31.4÷3.14=10$（cm）
だから，求める円の面積は，
$5×5×3.14=78.5$（cm²）

まとめのテスト❷

1 ❶ 78.5 m² ❷ 153.86 cm²
2 ❶ 面積…226.08 cm²　　長さ…61.68 cm
　 ❷ 面積…63.585 cm²　　長さ…32.13 cm
3 ❶ 93.76 cm² ❷ 34.54 cm²
4 ❶ 面積…392.5 cm²　　長さ…94.2 cm
　 ❷ 面積…114 cm²　　長さ…94.2 cm
5 803.84 cm²

てびき

3 ❶ $12×12-4×4×3.14$
$÷4×4=93.76$（cm²）
❷ $6×6×3.14÷2-3×3×3.14÷2$
$-2×2×3.14÷2-1×1×3.14÷2$
$=34.54$（cm²）
4 ❶ 求める面積は，
$15×15×3.14÷2+5×5×3.14÷2×$
$2-5×5×3.14÷2$
$=392.5$（cm²）

求めるまわりの長さは，
　$30×3.14÷2+10×3.14÷2×3$
$=94.2$（cm）
❷ 右の図のように，
面積を変えずに，
色のついた部分の
形を変えると，
求める面積は， 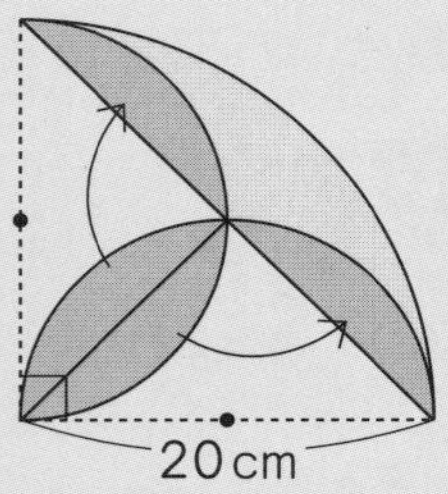
　$20×20×3.14÷4$
$-20×20÷2=114$（cm²）
求めるまわりの長さは，
　$20×2×3.14÷4+20×3.14÷2×2$
$=94.2$（cm）
5 円の直径の長さは，
　$100.48÷3.14=32$（cm）
だから，求める円の面積は，
　$16×16×3.14=803.84$（cm²）

11 比

基本のワーク

☆ 比，比の値，27，30，$\dfrac{9}{10}$
　　　　　　　　　　答え 27，30，$\dfrac{9}{10}$

1 ❶ 30：70 ❷ 540：1400
　 ❸ 0.7：2.5 ❹ $\dfrac{2}{5}$：$\dfrac{3}{7}$
　 ❺ 1.5：2 ❻ $\dfrac{3}{4}$：$\dfrac{1}{2}$
2 ❶ $\dfrac{6}{7}$ ❷ 2 ❸ $\dfrac{2}{3}$ ❹ $\dfrac{2}{15}$
　 ❺ $\dfrac{3}{4}$（0.75） ❻ $\dfrac{8}{3}$$\left(2\dfrac{2}{3}\right)$
3 ❶ 比…7.2：4.8　比の値…$\dfrac{3}{2}$$\left(1\dfrac{1}{2}，1.5\right)$
　 ❷ 比…7.2：12　比の値…$\dfrac{3}{5}$（0.6）

基本のワーク

☆ 《1》❶ 14，$\dfrac{7}{\ }$ ❷ 2，$\dfrac{2}{\ }$
　　　❸ 12，30，$\dfrac{2}{5}$
　《2》 2，$\dfrac{3}{\ }$　　　　　答え ❷，❸
1 ❷，❺
2 ❷，❺
3 ❷，❸，❹
4 8：9＝24：27　　12：9＝20：15
　18：12＝27：18

58 ページ 基本のワーク

☆ ❶ 6, 6, 5 　　　　　　　　　　答え 2, 5
❷ 5, 2 　　　　　　　　　　答え 5, 2
❸ 12, 9, 14 　　　　　　　　答え 9, 14

❶ ❶ 3 : 5　　❷ 6 : 7　　❸ 1 : 4
　❹ 5 : 9　　❺ 8 : 27　　❻ 1 : 6
　❼ 5 : 7　　❽ 20 : 21　　❾ 6 : 5
　❿ 28 : 15

❷ ❶ 6 : 13　　❷ 7 : 13　　❸ 8 : 9
　❹ 5 : 12　　❺ 9 : 2　　❻ 5 : 1
　❼ 7 : 5　　❽ 15 : 8　　❾ 4 : 9
　❿ 27 : 16

❸ 12 : 5

てびき

❶ ❿ $1\frac{3}{5} : \frac{6}{7} = \frac{8}{5} : \frac{6}{7}$

$= \left(\frac{8}{5} \times 35\right) : \left(\frac{6}{7} \times 35\right) = 56 : 30$

$= (56 \div 2) : (30 \div 2) = 28 : 15$

❷ ❹ 450 : 1080

$= (450 \div 90) : (1080 \div 90) = 5 : 12$

❼ $9.1 : 6.5 = (9.1 \times 10) : (6.5 \times 10)$

$= 91 : 65 = (91 \div 13) : (65 \div 13) = 7 : 5$

❿ $1.5 : \frac{8}{9} = \frac{3}{2} : \frac{8}{9} = \left(\frac{3}{2} \times 18\right) : \left(\frac{8}{9} \times 18\right)$

$= 27 : 16$

❸ 3分＝60秒×3＝180秒だから，

180 : 75 = (180 ÷ 15) : (75 ÷ 15) = 12 : 5

59 ページ 基本のワーク

☆ ❶ 《1》$\frac{5}{4}$, 25 《2》5, 25 　　　答え 25
　❷ 《1》$\frac{3}{2}$, 9 《2》$\frac{3}{2}$, $\frac{3}{2}$, 9 　答え 9

❶ ❶ 14　　❷ 3　　❸ 25　　❹ 24
❷ ❶ 10　　❷ 32　　❸ 14　　❹ 24

60 ページ 基本のワーク

☆ ❶ 《1》$\frac{3}{5}$, 6 《2》2, 6 　　　答え 6
　❷ 《1》$\frac{3}{8}$, 6 《2》2, 6 　　　答え 6

❶ ❶ 5　　❷ 10　　❸ 9　　❹ 0.6
❷ ❶ 9　　❷ 12　　❸ 3

てびき

❷ ❷ $\frac{4}{5} : 0.6 = \frac{4}{5} : \frac{3}{5}$

$= \left(\frac{4}{5} \times 5\right) : \left(\frac{3}{5} \times 5\right) = 4 : 3$

61 ページ まとめのテスト

1 ❶ 43 : 27　　❷ 4 : 3 (60 : 45)
2 ❶ $\frac{5}{8}$　　❷ 3　　❸ $\frac{2}{3}$　　❹ $\frac{1}{6}$
　❺ $\frac{9}{14}$　　❻ $\frac{9}{10}$
3 ❸, ❹
4 ❶ 3 : 5　　❷ 4 : 7　　❸ 8 : 3　　❹ 2 : 5
　❺ 25 : 21　　❻ 25 : 24
5 ❶ 4　　❷ 30　　❸ 24　　❹ 10
　❺ 8　　❻ 12

12 拡大図と縮図

62 ページ 基本のワーク

☆ 縮図
❶ 6, 2 　　　　　　　　　　答え 2
❷ AB, 8.5, 17 　　　　　　　答え 17
❸ B 　　　　　　　　　　　答え 40

❶ ❶ 3.7 cm　　❷ 6 cm　　❸ 85°　　❹ 60°
　❺ 6 cm　　❻ 8 cm　　❼ 140°　　❽ 75°
❷ ❶ 15 cm　　❷ 2.5 cm　　❸ 9 cm
　❹ 1.5 cm

63 ページ 基本のワーク

☆ ❶ 100, 100, 100 　　　　　　答え 100
　❷ 1000, 100000,
　　200000, 25000, 8 　　　　答え 8

❶ ❶ 分数… $\frac{1}{12500}$ 　　比… 1 : 12500
　❷ 分数… $\frac{1}{50000}$ 　　比… 1 : 50000
❷ ❶ 200 m　　❷ 2.1 km
❸ ❶ 12 cm　　❷ 9.2 cm

64 ページ まとめのテスト❶

1 ❶ 3倍　　❷ $\frac{1}{3}$　　❸ 7.5 cm　　❹ 1.9 cm
　❺ 9 cm　　❻ 75°　　❼ 60°
2 分数… $\frac{1}{25000}$ 　　比… 1 : 25000
3 ❶ 360 m　　❷ 2.2 km
4 ❶ 4 cm　　❷ 5.2 cm

65 ページ まとめのテスト❷

1 ❶ $\frac{1}{3}$　　❷ 10 cm　　❸ 60°
2 ❶ 11 cm　　❷ 12 cm　　❸ 3.2 cm
　❹ 4 cm

11

3 ❶ 360m ❷ 2.8km
4 ❶ 4.8cm ❷ 9.6cm
5 96㎡

13 角柱と円柱の体積

66 ページ 基本のワーク

☆ ❶ 3, 4, 24　　　　　　　　　答え 24
　❷ 15, 45　　　　　　　　　答え 45
　❸ 5, 5, 7, 70　　　　　　　答え 70
❶ ❶ 72cm³　❷ 64cm³
　❸ 180000cm³(0.18m³)
　❹ 48cm³　❺ 120cm³　❻ 200cm³

67 ページ 基本のワーク

☆ 高さ, 2, 2, 2, 2, 3, 37.68　答え 37.68
❶ ❶ 141.3cm³　❷ 628cm³
　❸ 1695.6cm³　❹ 1962.5cm³
　❺ 84.78m³　❻ 1004.8m³

68 ページ 基本のワーク

☆ ❶ 12, 8, 44, 44, 264　　　答え 264
　❷ 4, 4, 12.56, 12.56, 62.8

　　　　　　　　　　　　　　答え 62.8
❶ ❶ 312cm³　❷ 624cm³　❸ 155cm³
　❹ 471cm³　❺ 113.04cm³
　❻ 2165.76cm³

69 ページ 基本のワーク

☆ ❶《1》10, 3, 71.74, 71.74, 358.7
　　《2》5, 5, 358.7　　　　　答え 358.7
　❷ 5, 4, 600.96　　　　　　答え 600.96
❶ ❶ 13, 12, 14, 1400　❷ 13, 12, 1400
　　　　　　　　　　　　　　答え 1400
❷ ❶ 204cm³　❷ 674.4cm³
　❸ 507.84cm³　❹ 766.16cm³

70 ページ まとめのテスト❶

1 ❶ 36m³　❷ 126cm³
2 ❶ 392.5cm³　❷ 339.12cm³
3 ❶ 42cm³　❷ 602.88cm³
4 ❶ 569.25cm³　❷ 1256cm³

てびき **4** ❷ $(6×6×3.14−4×4×3.14)$
$×20=1256$(cm³)

71 ページ まとめのテスト❷

1 ❶ 1890cm³　❷ 960cm³
2 ❶ 3815.1cm³　❷ 1356.48cm³
3 ❶ 120cm³　❷ 1695.6cm³
4 ❶ 252cm³　❷ 1331.25cm³

てびき **4** ❷ $(8×16−5×5×3.14÷2)$
$×15=1331.25$(cm³)

14 およその面積と体積

72 ページ 基本のワーク

☆ ❶ 17, 22, 17, 22, 28　　　答え 28
　❷ 6, 30　　　　　　　　　　答え 30
❶ ❶ 約13.65m³　❷ 約12.6m³
❷ 約264m²
❸ 約38500cm³

73 ページ まとめのテスト

1 約33m²
2 約250m²
3 約660m²
4 約81000cm³
5 約10990cm³

15 比例

74 ページ 基本のワーク

☆ ❶ 2, 6, 4, 12, 5, 15　答え 6, 12, 15
　❷ 3　　　　　　　　　　　　答え 3
　❸ 2, 3, 4　　　　　　　　　答え する
❶ ❶ 比例しない。　❷ 0, 6, 8
　❸ 比例する。
❷ ❶ 180, 270, 360　　○
　❷ 150, 225, 300　　○
　❸ 20, 25　　×

75 ページ 基本のワーク

☆ ❶ 2, 164, 3, 246, 4, 328
　　　　　　　　　　答え 164, 246, 328
　❷ 164, 246, 328, 82　　答え 82
　❸ 答え 82
❶ ❶ 24, 36, 48　❷ 比例する。
　❸ $y=12×x$

❷ ❶ 式 $\cdots y=12\div x$ ✕
　　❷ 式 $\cdots y=50\times x$ ◯
　　❸ 式 $\cdots y=1.8\times x$ ◯
　　❹ 式 $\cdots y=5\times x+20$ ✕

> **てびき** ❷ ❹ 1分ごとに5Lずつ増えるから，最初，水そうにある水の体積は，
> $25-5=20$（L）

76ページ 基本のワーク

☆ ❶ 15　　　　　　　　　　　　答え 15
　❷ 3，45　　　　　　　　　　答え 45
　❸ 36，36，2.4　　　　　　　答え 2.4
❶ ❶ 式 $\cdots y=4\times x$ ◯
　❷ 式 $\cdots y=12\div x$ ✕
❷ ❶ $y=16\times x\div2$（$y=8\times x$）　❷ 20
❸ ❶ $y=4.8\times x$　❷ 7.2　❸ 2.5

> **てびき** ❸ ❷ $y=4.8\times1.5=7.2$

77ページ まとめのテスト

1 ❶ 48，72，96　❷ 比例する。　❸ 12
　❹ 12　❺ $y=12\times x$
2 ❶ 270，405，540
　　式 $\cdots y=135\times x$ ◯
　❷ 5，4，3
　　式 $\cdots y=7-x$ ✕
　❸ 6.28，9.42，12.56
　　式 $\cdots y=3.14\times x$ ◯
3 ❶ $y=24\times x$　❷ 180　❸ 12.5

16 反比例

78ページ 基本のワーク

☆ ❶ 12，4，12，3，12，2.4　答え 4，3，2.4
　❷ $\dfrac{1}{2}$，$\dfrac{1}{3}$，$\dfrac{1}{4}$　　　　答え する
❶ ❶ 15，7.5，6　❷ 反比例する。
❷ ❶ 70，40，10　✕
　❷ 15，7.5，5　◯
　❸ 30，20，15　◯

79ページ 基本のワーク

☆ ❶ 240，12，240，8　　　答え 12，8
　❷ 12，8，6，240　　　　　答え 240
　❸ 答え 240
❶ ❶ 900，600，450　❷ 反比例する。
　❸ $y=1800\div x$

❷ ❶ 式 $\cdots y=36\div x$ ◯
　　❷ 式 $\cdots y=200-x$ ✕
　　❸ 式 $\cdots y=40\div x$ ◯
　　❹ 式 $\cdots y=16\div x$ ◯

80ページ 基本のワーク

☆ ❶ 42　　　　　　　　　　　答え 42
　❷ 12，3.5　　　　　　　　　答え 3.5
　❸ 42，42，15，2.8　　　　答え 2.8
❶ ❶ 式 $\cdots y=x\times5$ ✕
　❷ 式 $\cdots y=36\div x$ ◯
❷ ❶ $y=32\div x$
　❷ x の値が1.6のとき$\cdots$20
　　x の値が20のとき$\cdots$1.6
　❸ y の値が0.8のとき$\cdots$40
　　y の値が10のとき$\cdots$3.2

81ページ まとめのテスト

1 ❶ 13.5，9，5.4，4.5　❷ 反比例する。
　❸ 27　❹ $y=27\div x$
2 ❶ 式 $\cdots y=30-x$ ✕
　❷ 式 $\cdots y=15\div x$ ◯
　❸ 式 $\cdots y=40\div x$ ◯
3 ❶ $y=120\div x$　❷ 8　❸ 50

17 場合の数

82ページ 基本のワーク

☆ ❶ 3，3，2，24　　　　　　　答え 24
　❷ 4，4，4，8　　　　　　　　答え 8
❶ 24通り
❷ ❶ 36通り　❷ 15通り
❸ 20通り
❹ ❶ 4通り　❷ 4通り

> **てびき** ❷ ❷ （大，小）で表すと，（2，6），
> （3，5），（3，6），（4，4），（4，5），（4，6），
> （5，3），（5，4），（5，5），（5，6），（6，2），
> （6，3），（6，4），（6，5），（6，6）の15通りあります。
> ❹ ❶（1回目，2回目，3回目，4回目）で表すと，
> （表，表，表，裏），（表，表，裏，表），
> （表，裏，表，表），（裏，表，表，表）の4通りあります。
> ❷ ❶と同じように考えます。

☆ ❶ D, D　　　　　　　　　　　　　　答え 6
　 ❷ 答え 4
❶ 10通り
❷ ❶ 10通り　　 ❷ 4通り
❸ 5通り

てびき

❶ 選ぶ3つに○
をつけると，
右の表のように，
10通りあります。

	赤	黄	緑	青	白
	○	○	○		
	○	○		○	
	○	○			○
	○		○	○	
	○		○		○
	○			○	○
		○	○	○	
		○	○		○
		○		○	○
			○	○	○

❷ ❷ (1, 3), (1, 5),
(2, 4), (3, 5)の
4通りあります。

1 ❶ 24通り　　 ❷ 12通り　　 ❸ 8通り
2 ❶ 8通り　　 ❷ 15通り
3 ❶ 6通り　　 ❷ 6通り　　 ❸ 5通り
4 ❶ 20通り　　 ❷ 10通り

1 ❶ 24通り　　 ❷ 9通り
2 ❶ 60通り　　 ❷ 48通り　　 ❸ 54通り
3 ❶ 15通り　　 ❷ 10通り
4 ❶ 3通り　　 ❷ 26通り
5 66円, 116円, 156円, 161円, 165円

てびき

2 ❷ 一の位の数が2, 4のそれぞれ
の場合で，順序よく整理して調べます。
3 上の2けたが35, 41, 42, 43, 45,
51, 52, 53, 54のそれぞれの場合で，順
序よく整理して調べます。
3 ❶ 6人をA, B, C, D, E, Fとして，その
うちの2人の組み合わせ方を考えます。
4 ❶ (1, 7), (2, 6), (3, 5)の3通りあります。
❷ (1, 2), (1, 4), (1, 6), (1, 8),
(2, 3), (2, 5), (2, 6), (2, 7),
(2, 8), (2, 9), (3, 4), (3, 6), (3, 8),
(4, 5), (4, 6), (4, 7), (4, 8), (4, 9),
(5, 6), (5, 8), (6, 7), (6, 8), (6, 9),
(7, 8), (8, 9)の26通りあります。

5 (1, 5, 10, 50), (1, 5, 10, 100),
(1, 5, 50, 100), (1, 10, 50, 100),
(5, 10, 50, 100)の5通りあります。

18 量の単位の復習

☆ ❶ 100, 100, 120　　　　　　　答え 120
　 ❷ 10, 10, 3.4　　　　　　　　答え 3.4
　 ❸ 1000, 1000, 0.56　　　　　答え 0.56
❶ ❶ 10　　 ❷ 10　　 ❸ 100　　 ❹ 100
　 ❺ 1000　　 ❻ 1000　　 ❼ 1000
　 ❽ 1000
❷ ❶ 30cm　　 ❷ 0.58m　　 ❸ 420m
　 ❹ 0.072km　　 ❺ 640cm　　 ❻ 120mm
❸ ❶ mm　　 ❷ m　　 ❸ km

☆ ❶ 1000, 1000, 1200　　　　　答え 1200
　 ❷ 1000, 1000, 0.34　　　　　答え 0.34
　 ❸ 1000, 1000, 560　　　　　答え 560
❶ ❶ 1000　　 ❷ 1000　　 ❸ 1000
　 ❹ 1000　　 ❺ 1000　　 ❻ 1000
　 ❼ 1000000　　 ❽ 1000000
❷ ❶ 250mg　　 ❷ 4.8g　　 ❸ 1.7kg
　 ❹ 950g　　 ❺ 0.86t　　 ❻ 5000kg
❸ ❶ g　　 ❷ kg　　 ❸ t

☆ ❶ 10000, 10000, 6.2　　　　答え 6.2
　 ❷ 1000000, 1000000, 8300
　　　　　　　　　　　　　　　答え 8300
　 ❸ 100, 100, 47　　　　　　　答え 47
❶ ❶ 10000　　 ❷ 100　　 ❸ 10000
　　 10000　　　　 100　　　 10000
❷ ❶ 700cm²　　 ❷ 2.3a　　 ❸ 140m²
　 ❹ 65ha　　 ❺ 0.79ha　　 ❻ 0.32km²
❸ ❶ km²　　 ❷ cm²　　 ❸ m²

☆ ❶ 1000000, 1000000, 0.058, kg
　　　　　　　　　　　　　答え 0.058, 58
　 ❷ 1000, 1000, 3.6, kg　　答え 3.6, 3.6
❶ ❶ 1000　　 ❷ 1000000　　 ❸ 1000
　　 1000　　　　 1000000　　　 1000
❷ ❶ 180cm³　　 ❷ 70000cm³
　 ❸ 0.035m³

③ ❶ 375g ❷ 1.2kg ❸ 500g
④ ❶ 4dL ❷ 0.63L ❸ 0.089m³

90ページ まとめのテスト❶

１ ❶ 40cm ❷ 50cm ❸ 0.23km
❹ 1670m ❺ 900mg ❻ 12t
❼ 830g ❽ 50g
２ ❶ 5600cm² ❷ 7000m² ❸ 800m²
❹ 30ha ❺ 69L ❻ 0.43m³
❼ 0.82L ❽ 570cm³
３ ❶ 3kg ❷ 450g
４ ❶ 2dL ❷ 0.78L

91ページ まとめのテスト❷

１ ❶ 1280cm ❷ 3mm ❸ 0.076km
❹ 0.04km ❺ 0.85g ❻ 20kg
❼ 0.016kg ❽ 3700mg
２ ❶ 46m² ❷ 0.901km² ❸ 0.28km²
❹ 0.17m² ❺ 320cm³ ❻ 1400cm³
❼ 8.05dL ❽ 0.067m³
３ ❶ 2.7kg ❷ 61g
４ ❶ 0.49kL ❷ 0.35dL

👉 **たしかめよう!**
k(キロ)は1000倍, h(ヘクト)は100倍, da(デカ)
は10倍, d(デシ)は $\frac{1}{10}$ 倍, c(センチ)は $\frac{1}{100}$ 倍,
m(ミリ)は $\frac{1}{1000}$ 倍を表しています。

6年のまとめ

92ページ まとめのテスト❶

１ ❶ 14×x(cm) ❷ 112cm ❸ 11枚
２ ❶ 54 ❷ 6
３ ❶ $\frac{3}{16}$ ❷ $\frac{1}{9}$ ❸ $\frac{10}{17}$
４ ❶ $\frac{9}{4}\left(2\frac{1}{4}\right)$ ❷ $\frac{33}{4}\left(8\frac{1}{4}\right)$ ❸ $\frac{2}{13}$
❹ $\frac{3}{4}$ ❺ $\frac{35}{4}\left(8\frac{3}{4}\right)$ ❻ $\frac{40}{3}\left(13\frac{1}{3}\right)$
❼ $\frac{3}{2}\left(1\frac{1}{2}\right)$ ❽ 1
５ ❶ $\frac{20}{3}\left(6\frac{2}{3}\right)$ ❷ 2

👉 てびき
２ ❶ 73−x=19
　　　　　x=73−19=54
❷ x÷0.8=7.5
　　　x=7.5×0.8=6

93ページ まとめのテスト❷

１ ❶ $\frac{1}{42}$ ❷ $\frac{33}{104}$ ❸ $\frac{1}{24}$ ❹ $\frac{2}{9}$
❺ $\frac{275}{12}\left(22\frac{11}{12}\right)$ ❻ 4 ❼ $\frac{2}{5}$
❽ $\frac{25}{24}\left(1\frac{1}{24}\right)$ ❾ $\frac{45}{28}\left(1\frac{17}{28}\right)$ ❿ $\frac{1}{4}$
２ ❶ $\frac{8}{7}\left(1\frac{1}{7}\right)$ ❷ $\frac{7}{5}\left(1\frac{2}{5}\right)$ ❸ $\frac{5}{6}$
❹ 7 ❺ 7 ❻ 2
３ ❶ $\frac{19}{12}\left(1\frac{7}{12}\right)$ ❷ $\frac{13}{33}$ ❸ $\frac{5}{7}$ ❹ $\frac{5}{3}\left(1\frac{2}{3}\right)$

👉 てびき
２ ❶ $1\frac{7}{18}÷\frac{35}{27}×\frac{16}{15}$

$=\frac{25}{18}×\frac{27}{35}×\frac{16}{15}=\frac{25×27×16}{18×35×15}=\frac{8}{7}$

❷ $0.75=\frac{75}{100}=\frac{3}{4}$ だから,

$\frac{28}{15}×0.75=\frac{28}{15}×\frac{3}{4}=\frac{28×3}{15×4}=\frac{7}{5}$

❺ $2.1×\frac{18}{5}÷1\frac{2}{25}=\frac{21}{10}×\frac{18}{5}×\frac{25}{27}$

$=\frac{21×18×25}{10×5×27}=7$

❻ $0.8÷\frac{6}{25}×0.6=\frac{4}{5}×\frac{25}{6}×\frac{3}{5}$

$=\frac{4×25×3}{5×6×5}=2$

３ ❸ $\left(\frac{5}{8}+\frac{5}{16}\right)×\frac{16}{21}=\left(\frac{10}{16}+\frac{5}{16}\right)×\frac{16}{21}$

$=\frac{15}{16}×\frac{16}{21}=\frac{15×16}{16×21}=\frac{5}{7}$

または, $\left(\frac{5}{8}+\frac{5}{16}\right)×\frac{16}{21}$
$=\frac{5}{8}×\frac{16}{21}+\frac{5}{16}×\frac{16}{21}=\frac{10}{21}+\frac{5}{21}$
$=\frac{15}{21}=\frac{5}{7}$

94ページ まとめのテスト❸

1 ❶ $\frac{3}{2}\left(1\frac{1}{2}\right)$　❷ $\frac{15}{2}\left(7\frac{1}{2}\right)$　❸ $\frac{3}{2}\left(1\frac{1}{2}\right)$
❹ 49

2 ❶ $1\frac{1}{10}\left(\frac{11}{10}\right)$　❷ $\frac{5}{12}$　❸ $3\frac{1}{3}\left(\frac{10}{3}\right)$

3 ❶ 時速16km　❷ $\frac{205}{2}\left(102\frac{1}{2}\right)$km
❸ 100秒　❹ 270m

4 ❶ 面積…113.04cm²　長さ…37.68cm
❷ 面積…76.93cm²　長さ…35.98cm

5 ❶ 面積…20.52cm²　長さ…18.84cm
❷ 面積…226.08cm²　長さ…75.36cm

6 314cm²

てびき

1 ❸ $0.9÷\frac{3}{5}=\frac{9}{10}×\frac{5}{3}=\frac{\overset{3}{\cancel{9}}×\overset{1}{\cancel{5}}}{\underset{2}{\cancel{10}}×\underset{1}{\cancel{3}}}$
$=\frac{3}{2}\left(1\frac{1}{2}\right)$

3 ❶ $40÷2\frac{1}{2}=16$(km)
❹ 分速を秒速になおすと,
$360÷60=6$(m)
だから, 求める道のりは,
$6×45=270$(m)

5 ❶ 面積… $6×6×3.14÷4-6×6÷2$
$=10.26$
$10.26×2=20.52$(cm²)
長さ… $(6×2)×3.14÷4×2=18.84$(cm)
❷ 面積… $12×12×3.14÷2=226.08$(cm²)
長さ… $(12×2)×3.14÷2+12×3.14$
$÷2×2=75.36$(cm)

6 円の直径の長さは, $62.8÷3.14=20$(cm)
半径の長さは, $20÷2=10$(cm)
だから, 求める円の面積は,
$10×10×3.14=314$(cm²)

95ページ まとめのテスト❹

1 ❶ $7:9,\ \frac{7}{9}$　❷ $3:50,\ \frac{3}{50}$
❸ $15:16,\ \frac{15}{16}$

2 ❶ 6　❷ 9　❸ $\frac{1}{8}$

3 ❶ $\frac{1}{2}$　❷ 3cm

4 ❶ 900m　❷ 9cm

5 ❶ 105cm³　❷ 942cm³
❸ 796.16cm³

6 ❶ 約300m²　❷ 約1250cm³

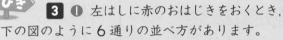

2 ❷ $0.4:0.3=4:3$ だから,
$0.4:0.3=12:x$
$4:3=12:x$
$x=12×\frac{3}{4}=9$

5 ❷ 底面が半径5cmの円の円柱の体積を求めます。
❸ $(10×10-4×4×3.14)×16$
$=49.76×16=796.16$(cm³)

6 ❶ 底辺が20m, 高さが30mの三角形とみることができます。

96ページ まとめのテスト❺

1 ❶ 124, 186, 248　❷ $y=62×x$
❸ 496

2 ❶ 6, 3.6, 3　❷ $y=18÷x(x×y=18)$
❸ 4

3 ❶ 24通り　❷ 4通り

4 ❶ 1.65m　❷ 2800g
❸ 8.5a　❹ 86ha
❺ 650cm³　❻ 0.56m³

てびき

3 ❶ 左はしに赤のおはじきをおくとき, 下の図のように6通りの並べ方があります。

左はしのおはじきが白, 黄, 緑のときも6通りずつできるから, 全部で
$6×4=24$(通り)

❷ 選ぶ3色に○をつける場合

赤	白	黄	緑
○	○	○	
○	○		○
○		○	○
	○	○	○

選ばない1色に×をつける場合

赤	白	黄	緑
			×
		×	
	×		
×			

よって, 4通り

4 ❺ $1L=1000$cm³ で, $1L=10$dL だから, 1dL$=100$cm³ です。